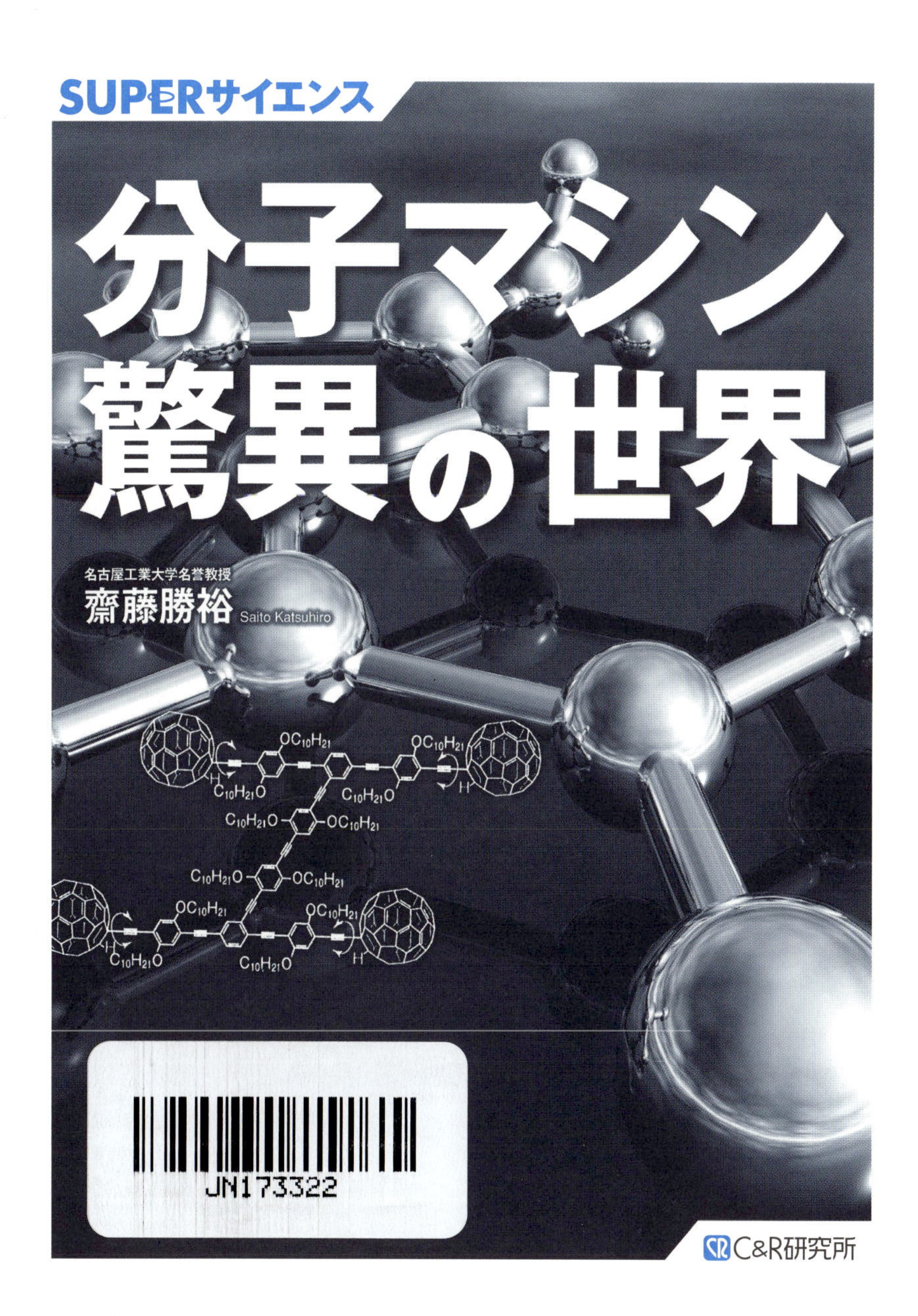
SUPERサイエンス
分子マシン驚異の世界
名古屋工業大学名誉教授
齋藤勝裕
Saito Katsuhiro
OC10H21
C10H21O
H
JN173322
C&R研究所

## ■本書について

- 本書は、2017年9月時点の情報をもとに執筆しています。

●本書の内容に関するお問い合わせについて

この度はC&R研究所の書籍をお買いあげいただきましてありがとうございます。本書の内容に関するお問い合わせは、「書名」「該当するページ番号」「返信先」を必ず明記の上、C&R研究所のホームページ（http://www.c-r.com/）の右上の「お問い合わせ」をクリックし、専用フォームからお送りいただくか、FAXまたは郵送で次の宛先までお送りください。お電話でのお問い合わせや本書の内容とは直接的に関係のない事柄に関するご質問にはお答えできませんので、あらかじめご了承ください。

〒950-3122　新潟市北区西名目所4083-6
株式会社C&R研究所　編集部
FAX 025-258-2801
「SUPERサイエンス 分子マシン驚異の世界」サポート係

# はじめに

分子マシンというのはそのものズバリ、「分子でできた機械」です。「分子でできた」という意味は、分子そのものが機械であるということです。簡単に言えば、究極の微粒子である分子の大きさの機械ということです。つまり1個の分子がそのまま、ピンセットであり、スイッチであり、モーターであり、自動車であるということです。

もちろん、目には見えませんし、電子顕微鏡でも見ることはできません。毛細血管を通ることは当然であり、細胞内にも入ることができます。しかも、機械としての機能を持っているのです。このような分子マシンが、実は既に何種類も合成されているのです。その中には実用化されているものもあります。分子自動車による「カーレース」まで開催されています。

分子マシンは2016年のノーベル化学賞を受賞した研究テーマです。分子マシンの研究は今後ますます進展し、極小の機械として医療、情報などあらゆる分野に活躍することでしょう。

本書はこのような分子マシンの最新情報を、楽しくわかりやすく解説したものです。化学に馴染の無い方にも、科学に無縁で来られた方にも、何の違和感も無く、スラスラと読み進んで頂けるように書いてあります。本書を読まれて分子マシンの神髄をご理解下さり、分子マシンの面白さと将来性にお気づき頂けたら大変に嬉しいことと思います。

2017年9月

齋藤 勝裕

# CONTENTS

## 分子デバイス

Chapter 4

## 分子マシンを利用する

## 動く分子マシン

CONTENTS

## 回転する分子マシン

## 分子自動車

## 生体は分子マシンの集合体

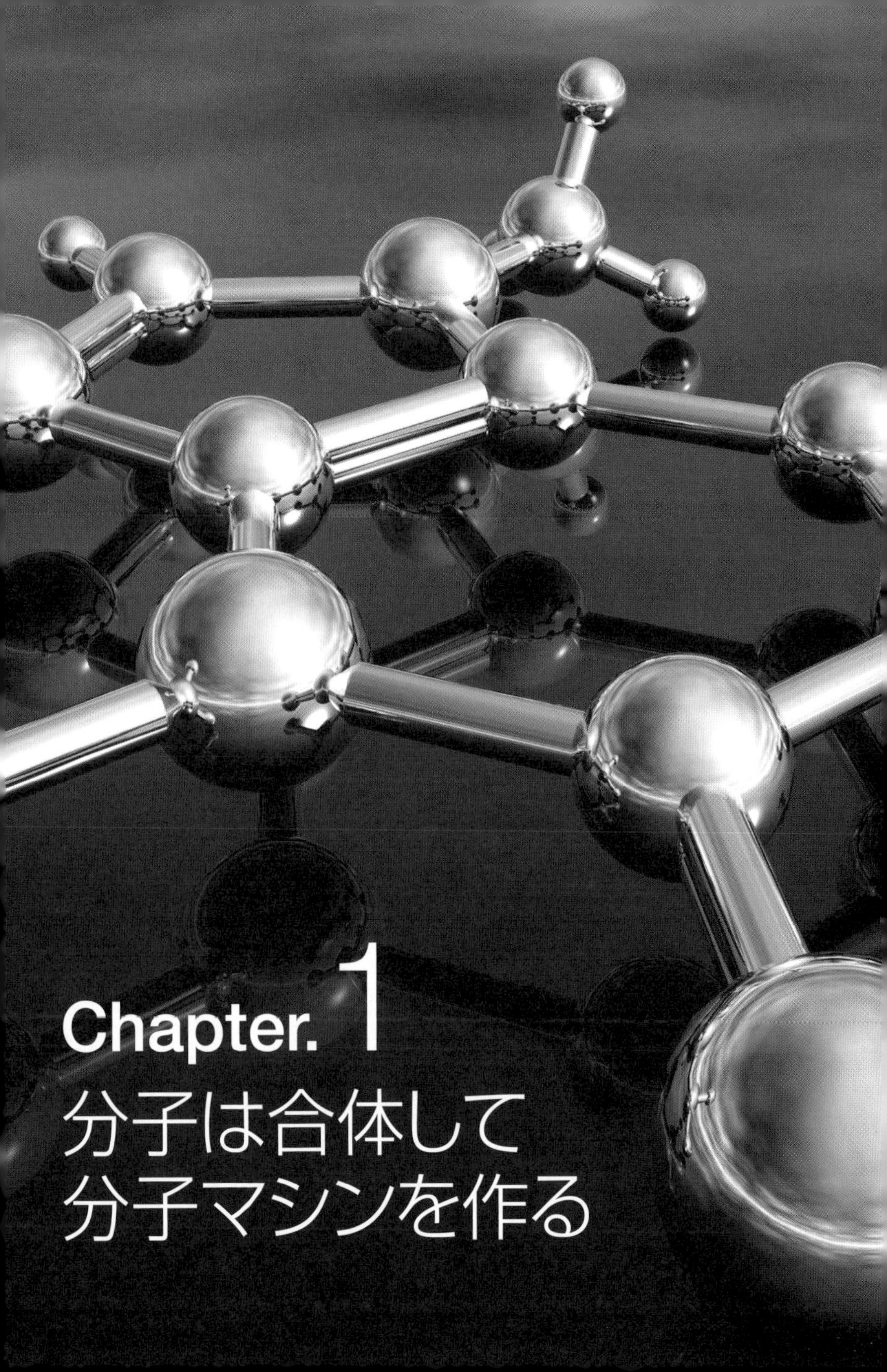

# Chapter. 1
# 分子は合体して分子マシンを作る

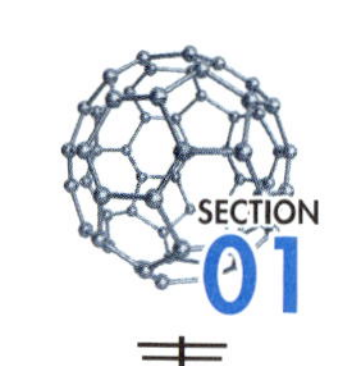


# 素粒子は合体して原子を作る

宇宙は星雲、恒星、惑星、衛星などからできています。衛星、惑星、恒星、星雲などは言うまでもなく物質です。したがって私たちは、宇宙は物質からできていると考えてしまいます。しかし、これは大きな間違いです。

## 物質とは？

何気なく物質と言いますが、それでは物質とは何でしょうか？　水や空気を物質と思わない人はかなり哲学的な思想をお持ちの方でしょう。普通は鉛筆やパソコンは物質として扱われます。物質とは一般に次の2つの条件を満足するものと考えられます。

❶ 有限の質量を持つ
❷ 有限の体積を持つ

「質量」が嫌なら、「重量」と言い換えても実質的には問題ありません。私たちが実感する「重さ」は重量です。しかし、重量は「地球が物質を引き付ける力(重力)」によって現れるものです。この「重力」は地球上のどこでも同じというものではありません。アメリカにおける重力と北朝鮮における重力には違いあります。つまり、同じ物体の重さ(重量)をアメリカで計った場合と北朝鮮で計った場合には、その数値に違いがあるのです。

このような、地域や諸々の条件による違いを除いた、極限の裸の重さ、それが質量なのです。したがって、質量で比較すれば、アメリカでの測定値と北朝鮮での測定値の間には寸分の違いもありません。それが科学の数値の意味です。

## 物質を作るもの?

それでは物質とは具体的にどのようなものなのでしょうか? 宇宙を作っている星雲、恒星、惑星が物質なのでしょうか?

それはおかしいのではないでしょうか? 星雲にしろ恒星にしろ、夜空に輝いています。それでは、夜空で輝いていない部分には物質は無いのでしょうか？　輝いていないその部分には何があるのでしょうか？

というようなことを考えるのは天文学や素粒子論であり、化学ではありません。天文学は電波望遠鏡でも見えないようなはるか遠方、無限大世界を研究する科学です。一方、素粒子論は電子顕微鏡でも見えないような極小世界を扱う科学です。

ところが、天文学と素粒子論は、現在では同じ問題を扱っているのです。つまり、現代科学では無限大と極小は同じなのです。無限大を研究すると極小の世界に辿りつき、極小を研究するといつの間にか、無限大の世界に誘われているのです。

## 物質とエネルギー

アインシュタインは、質量mとエネルギーEは下の式で互換されると言いました。

●質量とエネルギーの関係

$$E=mc^2$$

c：光速

つまり、物質とエネルギーは互いに変化し合うことができるのです。これが実現しているのが原子力です。原子力のエネルギーEは、原子核の一部の物質mが、式に従って変化したものなのです。

現代の素粒子論、天文学では、宇宙は物質とエネルギーからできていると言います。つまり、宇宙の70％はダークエネルギーと言われるエネルギーであり、25％はダークマターであり、物質はわずか5％に過ぎないと言うのです。ダークエネルギー、ダークマターはその名前の通り、人間には見ることも観測することもできないものです。

私たちが普通に実感する物質は、ダークエネルギー、ダークマターという闇の世界から泡のように浮かび上がったものなのかもしれません。

本書がこれから扱う化学の現象は、普通の物質が織りなすものです。しかし、このような物質も、エネルギーを持っています。それは運動エネルギー、位置エネルギー、静電エネルギーなど多種多様なものです。このように、物質とエネルギーが織りなす多様な現象を解析する研究領域、それが化学なのです。

## 素粒子と核子

このように考えた時、化学が扱う最も基本的な物質は原子と言うことができます。しかし、現代の化学は、原子をさらに詳細に分解して調べることを要求します。

この結果、原子は原子核という非常に小さいが密度は大きい原子核と、それを取り囲む雲のように軽くて体積だけは大きい電子雲からできていることがわかりました。電子雲は複数個の電子（記号e）という粒子が集まった雲のようなものと考えれば良いでしょう。1個の電子は、質量は無視できるほど小さいですが、電荷は−1を持っています。

原子核をさらに分解してみると、核子という粒子からできていることがわかりました。核子には

●原子の構造

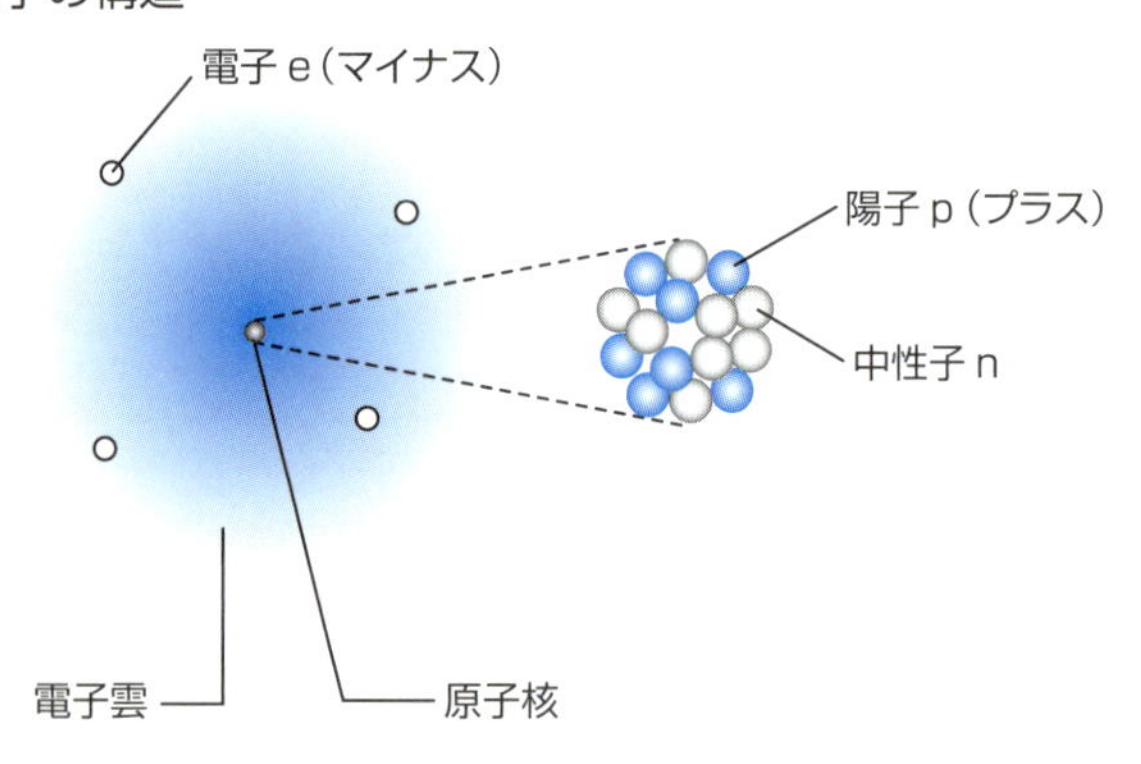

いくつかの種類がありますが、化学と言う領域に限定して考える場合、核子は陽子(記号p)と中性子(記号n)の2種類です。

陽子と中性子は、重さは同じですが電荷が異なります。つまり、陽子は＋1の電荷を持ちますが、中性子は電荷を持たず、電気的に中性です。原子を構成する陽子の個数と電子の個数は同じです。そのため、原子は原子核の＋(プラス)の電荷数と電子雲の－(マイナス)の電荷数が等しくなり、全体として電気的に中性となっています。

つまり、物質は全ていくつかの粒子が合体してできている、それが現代の物質観なのです。まず、陽子と中性子が合体して原子核を作ります。次に原子核と電子が合体して原子を作ります。

### ●原子の質量

| | 名称 | | 記号 | 電荷 | 質量 |
|---|---|---|---|---|---|
| 原子 | 電子 | | e | −e(−1) | $9.1091\times10^{-31}$kg |
| | 原子核 | 陽子 | p | +e(+1) | $1.6726\times10^{-27}$kg |
| | | 中性子 | n | 0 | $1.6749\times10^{-27}$kg |

# 原子の性質

宇宙を構成する物のうち、物質はわずか5％に過ぎません。しかし、その種類は膨大です。手の届く範囲にある物質の種類だけでも、全て挙げるのは不可能なほどの種類になります。これが全宇宙に広がったら、その種類は無数と言ってよいほど多くなるでしょう。

## 原子の種類

全ての物質は原子からできています。したがって、無数の種類の物質を作るには無数の種類の原子が必要と思われますが、実はそうではありません。プラスチックの組み立て玩具にレゴというものがあります。多くのレゴを組み合わせて合体させれば、それこそ無数の種類のものを作ることができます。しかし、レゴの種類は決して多くはありません。

アルファベットは26文字しかありませんが、それを組み合わせて単語にし、単語を組み合わせて文章や小説にしたら、その種類は無数になります。

原子の場合も同じです。地球上の自然界に存在する原子の種類はわずか90種ほどに過ぎません。この90種の原子が互いに結合し、合体することによって無数の種類の物質を作っているのです。

## 周期表

原子を見やすい一覧表にまとめたものを周期表と言います。周期表は原子のカレンダーと言っても良いでしょう。カレンダーは、ひと月の日にちを1〜30まで、大きさの順に並べたものです。そして、それを7日ごとに折り曲げて、月曜、火曜などと名前を付けています。

周期表も似ています。周期表は原子を、その陽子の個数に従って順に並べたものです。原子を構成する陽子の個数を原子番号（記号Z）と言います。最小のZ＝1は水素原子(記号H)であり、最大のZ=92はウラン原子(U)です。

周期表の一番上には左から順に1～18の数字が振ってあります。これを族番号と言います。そして、1の下に縦に並ぶ原子を1族原子、2の下を2族原子などと呼びます。この族はカレンダーの曜日のようなものです。

カレンダーでは、例え何日であれ、日曜日は楽しい日であり、月曜日は憂鬱です。それと同じように、1族原子は互いに似た性質を持ち、2族原子も互いに似た性質を持ちます。つまり、周期表を見れば、原子の性質や反応性をある程度推定することができます。

## ●周期表

| | 1 | 2 | 3 | 4 | 5 | 6 | 7 | 8 | 9 | 10 | 11 | 12 | 13 | 14 | 15 | 16 | 17 | 18 |
|---|---|---|---|---|---|---|---|---|---|---|---|---|---|---|---|---|---|---|
| 1 | H | | | | | | | | | | | | | | | | | He |
| 2 | Li | Be | | | | | | | | | | | B | C | N | O | F | Ne |
| 3 | Na | Mg | | | | | | | | | | | Al | Si | P | S | Cl | Ar |
| 4 | K | Ca | Sc | Ti | V | Cr | Mn | Fe | Co | Ni | Cu | Zn | Ga | Ge | As | Se | Br | Kr |
| 5 | Rb | Sr | Y | Zr | Nb | Mo | Tc | Ru | Rh | Pd | Ag | Cd | In | Sn | Sb | Te | I | Xe |
| 6 | Cs | Ba | Ln | Hf | Ta | W | Re | Os | Ir | Pt | Au | Hg | Tl | Pb | Bi | Po | At | Rn |
| 7 | Fr | Ra | An | Rf | Db | Sg | Bh | Hs | Mt | Ds | Rg | Cn | Nh | Fl | Mc | Lv | Ts | Og |

| | | | | | | | | | | | | | | | |
|---|---|---|---|---|---|---|---|---|---|---|---|---|---|---|---|
| ランタノイド(Ln) | La | Ce | Pr | Nd | Pm | Sm | Eu | Gd | Td | Dy | Ho | Er | Tm | Yb | Lu |
| アクチノイド(An) | Ac | Th | Pa | U | Np | Pu | Am | Cm | Bk | Cf | Es | Fm | Md | No | Lr |

## イオン化

原子の性質や反応性には多くの種類があります、本書で問題になる重要な性質としてイオン化があります。イオン化というのは、電気的に中性な原子が、電子を外部に放出したり、反対に外部の電子を取り込んだりすることです。

原子が1個の電子を放出したら、電子雲の電荷数は原子核の電荷数より1だけ小さくなります。つまり、原子核の＋電荷が電子雲の－電荷より1だけ大きくなり、原子は全体に＋1の電荷を帯びることになります。このように＋の電荷を帯びた原子を一般に陽イオンと言います。もし、2個の電子を放出したら、＋2の電荷を帯びます。このような物を2価の陽イオンと言います。

反対に原子が電子を取りこんだら－の電荷が多くなります。このような物を陰イオンと言います。そして原子がイオンになることをイオン化というのです。

●イオン化

原子 － 電子 ──→ 陽イオン

原子 ＋ 電子 ──→ 陰イオン

一般に1族原子は1価の陽イオン、2族原子は2価の陽イオンになる傾向がありま す。反対に17族原子は1価の陰イオン、16族原子は2価の陰イオンになる傾向があります。

## 原子の分類

原子は、いくつかの種類に分類することができます。先に見た族もそのような分類の一種です。本書は化学全般を解説するものではなく、分子マシンについて解説するものです。このような目的から見たら、原子の分類は、2種類で良いでしょう。つまり、金属原子と非金属原子です。

非金属原子は周期表の右上に固まっています。それは、例外的に左上にある水素を含めて20種ほどに過ぎません。これ以外の70種ほどの原子は、ほぼすべてが金属原子です。金属原子の種類がいかに多いかがよくわかります。

金属原子の特徴はいくつかありますが、本書で重要になるのは「陽イオンになりやすい」ということです。

## 電気陰性度

イオン化と似た性質ですが、原子の性質として本書で重要になるものに電気陰性度があります。これは原子が電子を引き付ける度合いを表した指標です。電気陰性度の数値が大きければ大きいほど、その原子は電子を引き付けやすいと言うことを意味します。

図に周期表にならって電気陰性度を示しました。周期表の左下は数値が小さく、右上に行くほど大きくなっています。つまり、右上の原子は電子を取り込んで陰イオンになりやすく、左下の原子は電子を放出して陽イオンになりやすいのです。

●電気陰性度

| | | | | | | | |
|---|---|---|---|---|---|---|---|
| H 2.1 | | | | | | | He |
| Li 1.0 | Be 1.5 | B 2.0 | C 2.5 | N 3.0 | O 3.5 | F 4.0 | Ne |
| Na 0.9 | Mg 1.2 | Al 1.5 | Si 1.8 | P 2.1 | S 2.5 | Cl 3.0 | Ar |
| K 0.8 | Ca 1.0 | Ga 1.3 | Ge 1.8 | As 2.0 | Se 2.4 | Br 2.8 | Kr |

SECTION 03

# 原子は合体して分子を作る

原子の最大の能力は、結合することができると言うことでしょう。例外的な原子を除いて、ほとんど全ての原子は、互いに結合することができます。原子が結合して作った構造体を一般に分子と言います。

## 結合の種類

結合には多くの種類があります。表にその内訳を示しました。大きく分けると、原子間に働く結合と、分子間、あるいは分子と原子の間に働くものがあります。一般的には原子間に働くものを結合、分子間に働

●結合の分類

<table>
<tr><th></th><th colspan="3">結合名</th><th>例</th></tr>
<tr><td rowspan="5">原子間</td><td colspan="3">イオン結合</td><td>$Na^+$、$CL^-$</td></tr>
<tr><td colspan="3">金属結合</td><td>鉄、金、銀</td></tr>
<tr><td rowspan="3">共有結合</td><td>α結合</td><td>一重結合</td><td>$H-H$、$H_3C-CH_3$</td></tr>
<tr><td rowspan="2">π結合</td><td>二重結合</td><td>$O=O$、$H_2C=CH_2$</td></tr>
<tr><td>三重結合</td><td>$N\equiv N$、$HC\equiv CH$</td></tr>
<tr><td rowspan="2">分子間</td><td colspan="3">水素結合</td><td>$H_2O\cdots H_2O$、安息香酸</td></tr>
<tr><td colspan="3">ファンデルワールス力</td><td>ヘリウム、ベンゼン</td></tr>
</table>

くものを分子間力と言います。

本書で特に重要なのは分子間力ですが、分子間力を知るためには分子を知らなければならず、分子を知るためには結合を知る必要があります。ということで、まず結合から見ていくことにしましょう。

## イオン結合

ナトリウム原子Naと塩素原子Clが出会ったとしましょう。先に見た電気陰性度を見てください。Na=0.9、Cl=3.0とClの方が圧倒的に大きいです。ということはNaよりClの方が電子を引き付ける力が大きいということです。この結果、Naの電子1個はClの方へ移動してしまいます。

これはNaが電子を失って陽イオン$Na^+$となり、Clは電子を取り込んで陰イオン$Cl^-$となったことを意味します。＋の電荷と－の電荷の間には静電引力が働きます。つまり$Na^+$と$Cl^-$の間には引力が働くのです。

このような静電引力に基づく引力、結合をイオン結合と言います。

●ナトリウム原子と塩素原子のイオン結合

$$Na + Cl \longrightarrow Na^+ + Cl^-$$

## 金属結合

金属原子（一般に記号Mで表す）は電子を放出して陽イオンになる性質があります。金属原子が放出する電子は1個とは限らず、n個と考えられます。この結果、金属原子はn個の電子を放出してn価の陽イオン、つまり金属イオン$M^{n+}$となります。この時放出された電子を自由電子と言います。

金属では、たくさんの原子が狭い空間の中にひしめき合っています。この金属原子が全て自由電子を放出し、放出された自由電子は、どの原子に属するということなく、金属イオンの周囲を漂っています。これは－の電荷を持った自由電子の海の中に＋の電荷を持った金属イオンが漂っているようなものです。

例えてみれば、木工ボンド（自由電子）で満たした水槽の中に多数の木のボール（金属イオン）を入れたようなものです。ボールは木工ボンドを糊として接着されます。金属イオンも同様です。自由電子を糊として接着されます。これが金属結合なのです。

●金属結合

$$M \longrightarrow M^{n+} + ne^-$$

## 共有結合

共有結合は有機物を作る結合であり、数ある結合の中で最も重要な結合です。もちろん本書にとってもいろいろの意味で重要な結合です。

共有結合は電子によってできる結合ですが、共有結合を作る電子は軌道という入れ物に入っています。1個の軌道には最大2個の電子が入ることができるのですが、共有結合を作ることのできる電子は、軌道に1個だけ入った電子に限ります。このような電子を不対電子と言います。

### ❶ 不対電子

共有結合で、できる分子の多くは有機化合物ですので、有機化合物を作る原子である炭素Cと水素Hに関して見てみることにしましょう。

●共有結合

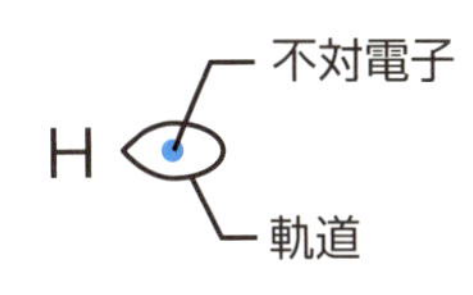


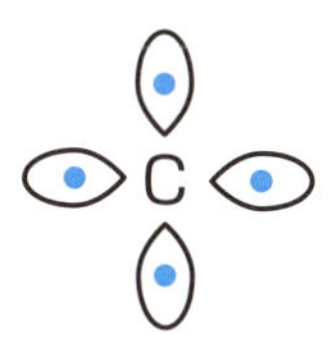

水素が持っている電子は1個だけです。この電子は必然的に不対電子となります。それに対して炭素は結合に使うことのできる電子は4個あります。軌道も4個あります。その結果、炭素は4個の軌道に1個ずつの電子を入れて、全部で4個の不対電子を持つことになります。

### ❷水素原子間の共有結合

共有結合は、結合する2個の原子が互いに1個ずつの不対電子を出し合い、それを共有することによって生成します。

水素原子Hの場合には、2個の水素原子が互いに1個ずつの不対電子を出し合うと、原子間にできた新軌道の中に2個の電子が入ることになります。このような電子を共有電子対と言い、この共有電子対ができることが共有結合の生成と言うことになります。つまり、2個の水素原子の間には共有結合ができ、水素分子が生成したことになります。共有電子対の入った軌道は直線で表し、共有結合が存在することを表します。

●水素原子間の共有結合

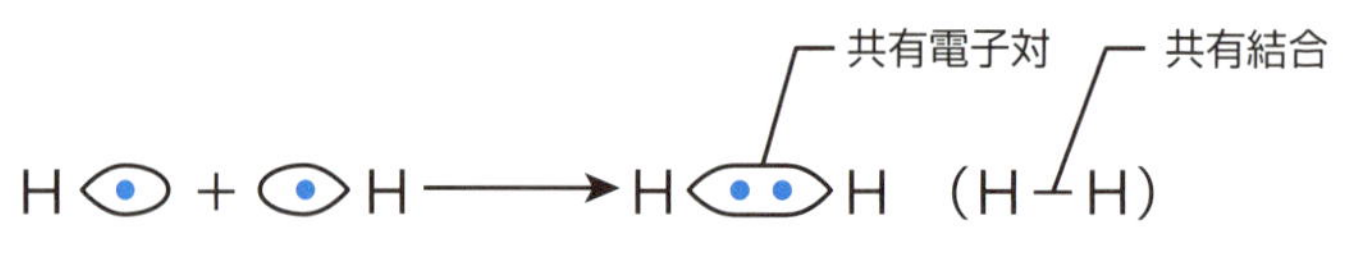

### ❸炭素－水素原子間の共有結合

炭素には4個の不対電子があります。それぞれの不対電子が水素と結合すると、合計4個の水素原子と結合することができます。その様子を図に示しました。この分子は$CH_4$であり、都市ガスの主成分であるメタンです。

### ❹炭素－炭素原子間の共有結合

炭素原子と炭素原子が

●炭素 — 水素原子間の共有結合

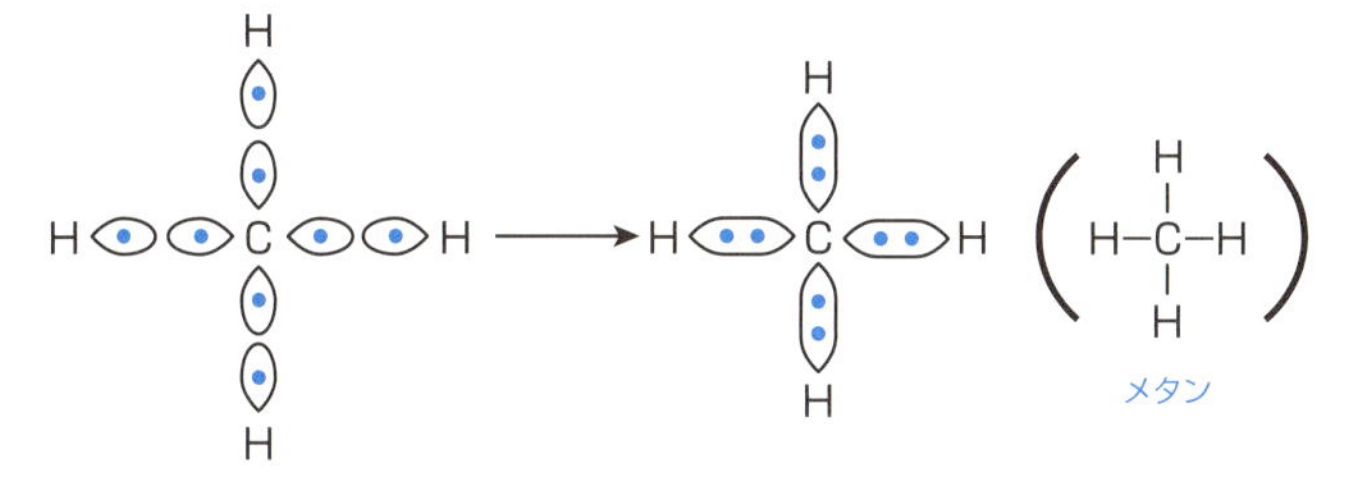


●炭素 — 炭素原子間の共有結合

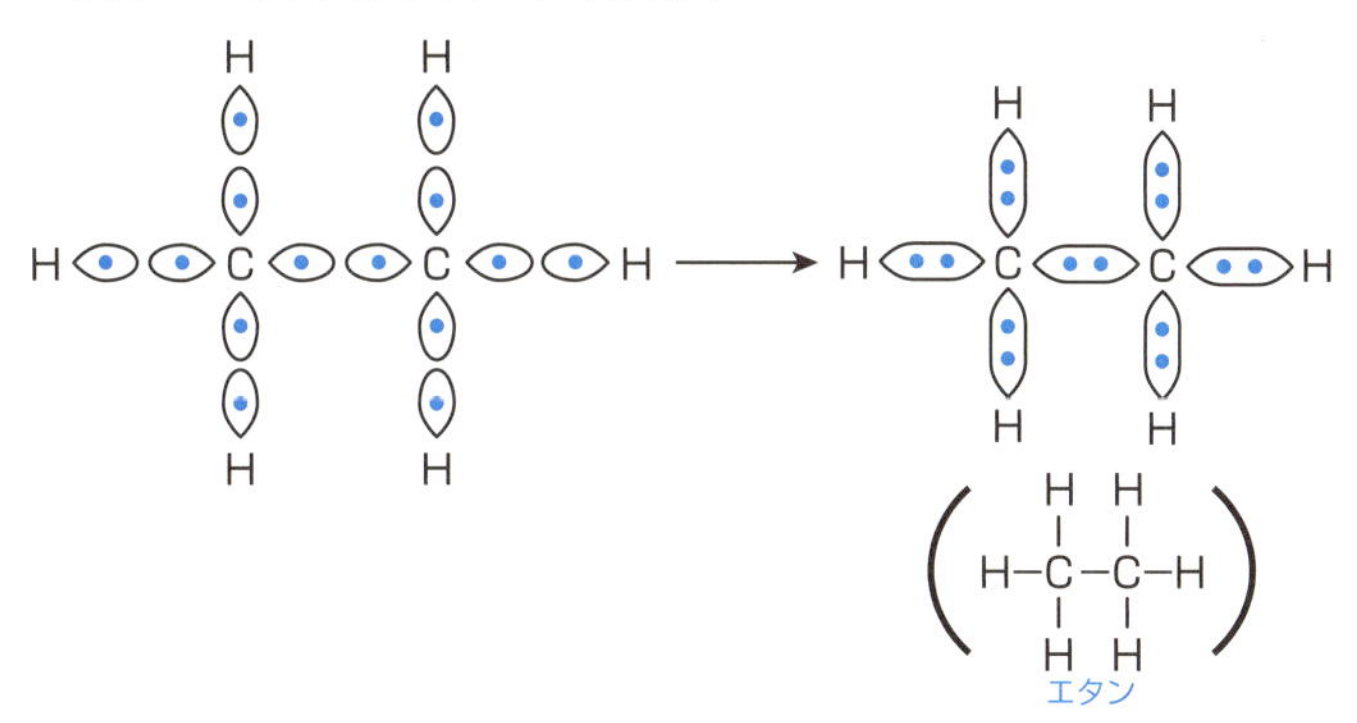

1個ずつの不対電子を使って共有結合したとしましょう。この場合、図からわかるように各炭素原子には3個ずつの不対電子が残っています。炭素は、この電子を使って3個ずつの水素原子と結合することができます。このようにしてできた分子は$H_3C-CH_3$であり、エタンと呼ばれます。

## ❺二重結合、三重結合

炭素と炭素が互いに2個ずつの不対電子を使って結合したとしましょう。すると、炭

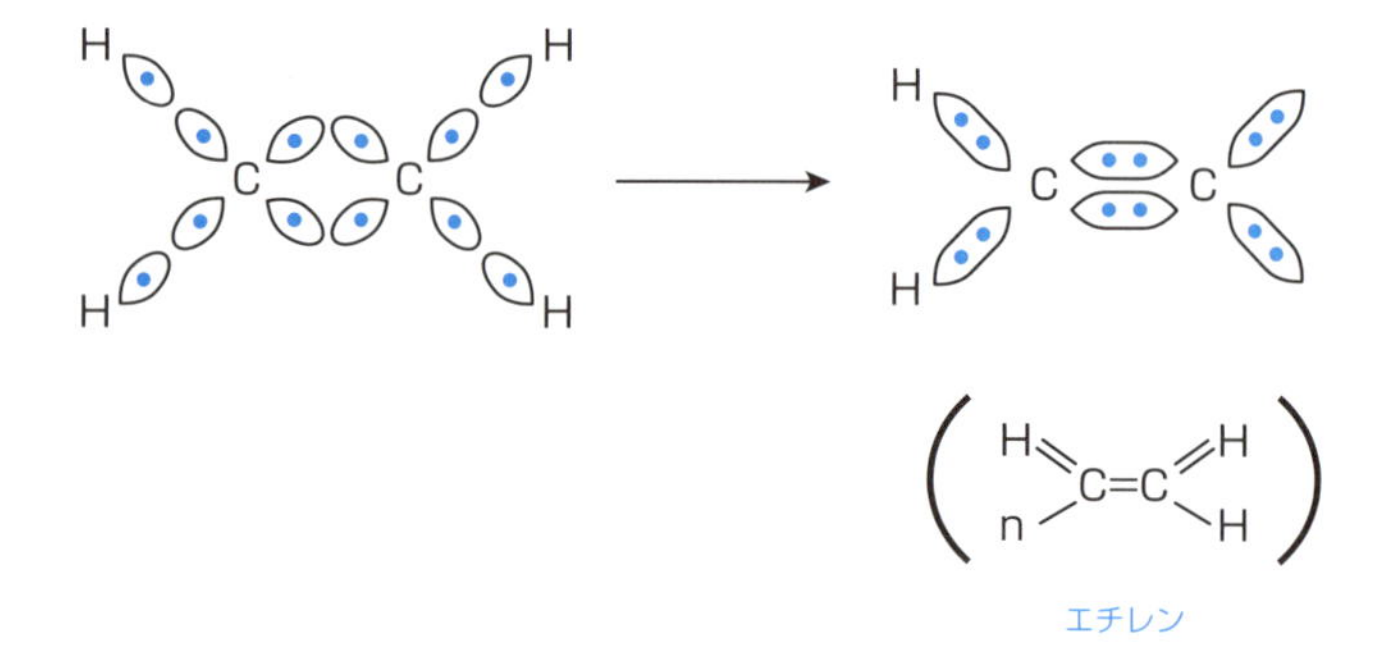


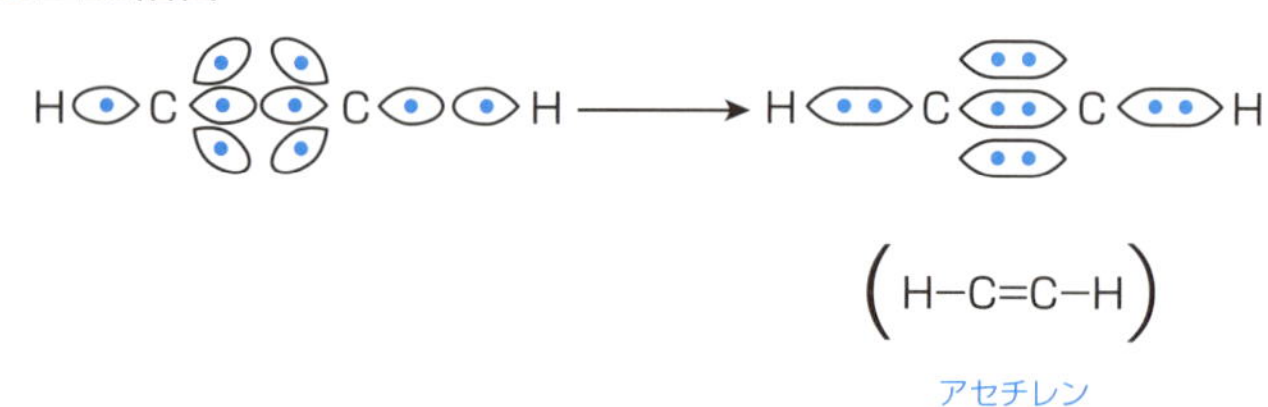

素間には2本の共有結合ができることになります。このよう結合を二重結合と言います。各炭素には2個ずつの不対電子が残っているので、それを使って水素と結合すると$H_2C=CH_2$のエチレンとなります。エチレンはポリエチレンの原料となる重要な化合物です。

全く同様に、炭素が互いに3個の不対電子伝を使って結合すると三重結合となります。残った不対電子で水素と結合すると$HC \equiv CH$のアセチレンとなります。

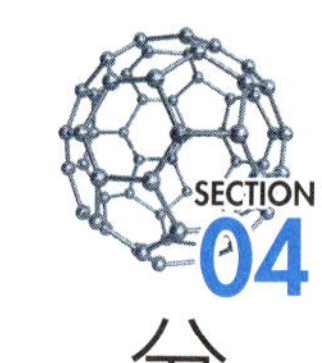


# 分子も合体してマシンになる

以前は結合することができるのは原子だけであり、分子はそれ以上結合することはできないものと考えられていました。しかし、現在は違います。分子も結合してさらに複雑な構造体を作ることが明らかになったのです。分子が作る結合を特に分子間力と言います。そして、分子が分子間力によって結合した構造体を、「分子を超えた分子」という意味で超分子と呼びます。本書のテーマの分子マシンはほとんどが超分子でできています。

## 結合と分子間力

結合というのは、言い換えれば原子を繋ぐ力です。このように見ると、結合には強い結合もあれば弱い結合もあることがわかります。結合の強弱は、結合エネルギーによって計ることができます。結合エネルギーの大きい物が強い結合です。

図に、いくつかの結合エネルギーを示しました。一重結合＜二重結合＜三重結合の順に強くなっているのは常識とよく一致すると言って良いでしょう。

ところが、図の左下にとてもエネルギーの小さい結合があります。水素結合、ファンデルワールス力です。実は、この2つが分子間力を代表する結合なのです。中でも水素結合は特に強力な分子間力として知られています。つまり、分子を繋ぐ結合、分子間力というのは、原子を繋ぐ本来の結合に比べ

## ●結合エネルギーのグラフ

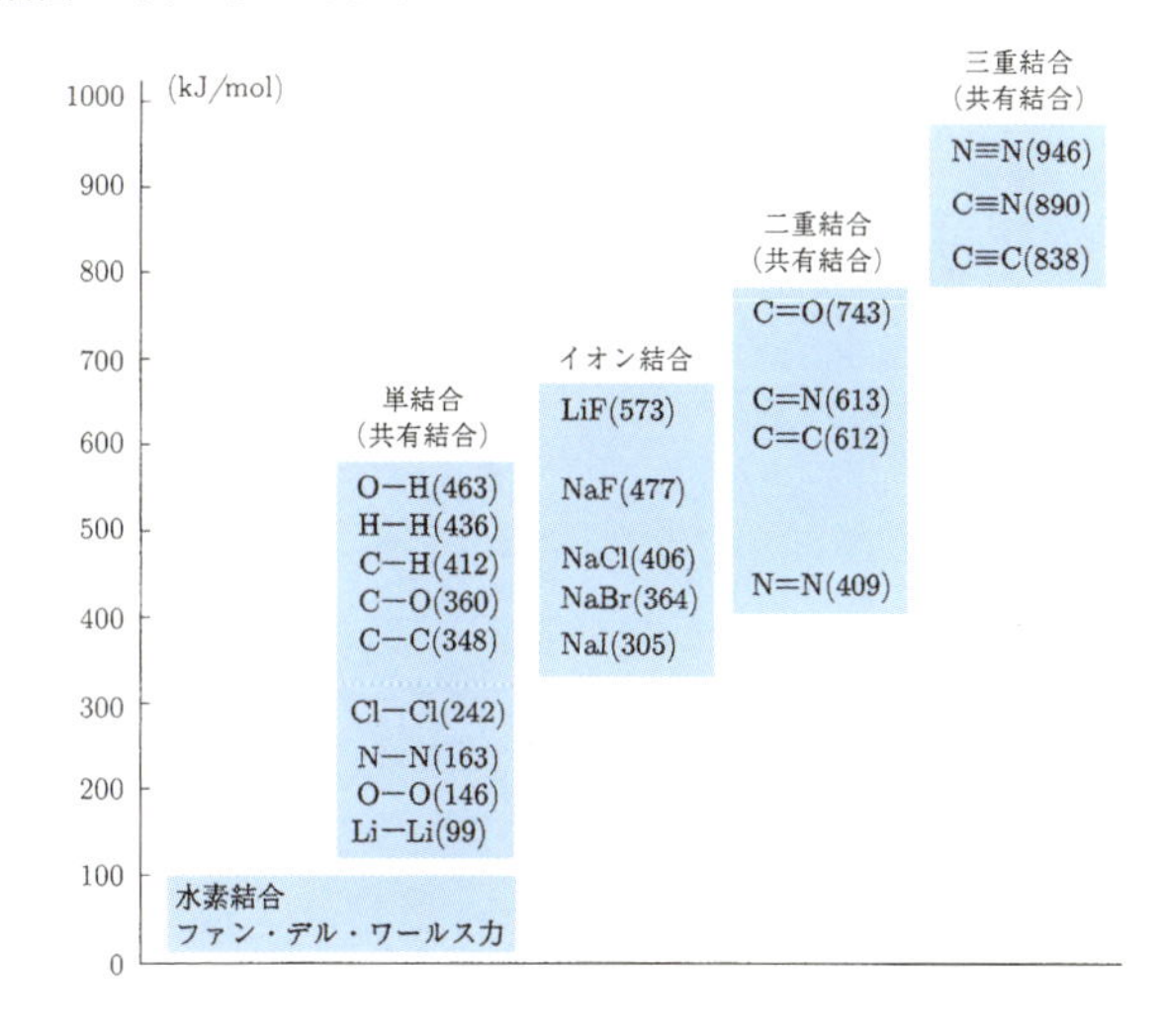

れば、その力は1/10にも及ばないほど小さいものなのです。しかし、その威力は大変に大きく、私たち生命体が生命活動を行うことができるのは、この分子間力に負うところが大きいのです。それは本書を読み進めるうちに、理解できると思います。

## 水素結合

いくつかある分子間力の中で最も強い引力である水素結合は、最もありふれた結合と言うこともできます。水素結合は水分子を結合する引力です。

### ❶結合分極

水分子はH−O−Hという構造です。電気陰性度を見るとH=2.1、O=3.5です。つまり、Oの方が電子を引き付ける力が強いのです。この結果、H−O結合を形成する2個の電子は、H−Oの中間にあるのではなく、Oの方に引き付けられます。この結果、Oは電子が多くなって−に荷電し、反対にHは電子が少なくなって+に荷電します。

このような状態をそれぞれδ+(デルタプラス)、δ−(デルタマイナス)という記号で表します。δ+、δ−は部分電荷と呼び、δは0<δ<1の間の適当な数値を意味します。

このように、分子全体としては電気的に中性であるにも関わらず、分子のある部分は+に荷電し、ある部分は−に荷電する分子をイオン性分子、あるいは極性分子と呼びます。そして共有結合がこのようにイオン性を帯びる現象を結合分極と言います。

### ❷ 静電引力

先にイオン結合で見たように、+電荷と−電荷の間には静電引力が発生します。つまり、水分子の間でも+に荷電したHと−に荷電したOの間には静電引力が発生します。この引力を水素結合と言うのです。

この結果、水分子の間でもHとOの間で引力が生じ、多くの水分子の間で水素結合を通じた引力関係

●水素結合

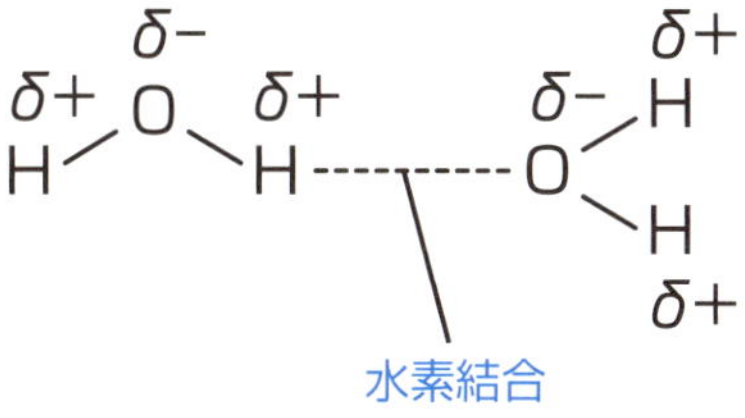

が生じます。つまり、液体状態の水では、全ての水分子は水素結合を通じて互いに結びあっているのです。このような集団を一般に会合体、あるいはクラスターと呼びます。

水分子が、単独の独立した分子として行動するのは水蒸気という気体状態だけと言って良いでしょう。反対に多くの分子が緊密に寄せ集まった結晶状態（氷）では、水分子は互いに水素結合でどこにもいかないように結合し合っているのです。

●水分子の水素結合

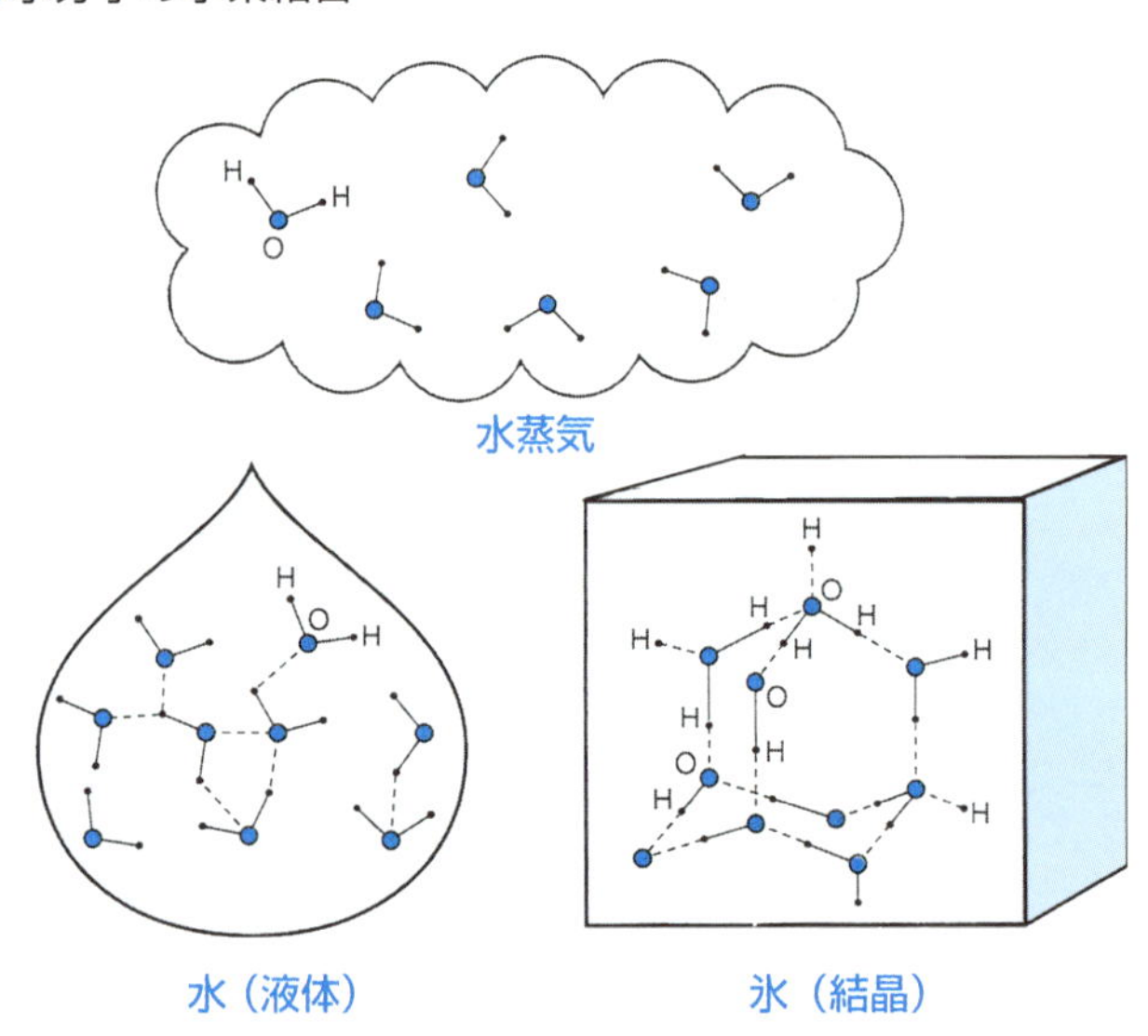

## ファンデルワールス力

ファンデルワールス力は、電気的に中性で、水のように結合分極を持たない分子、原子の間にも働く引力です。話を簡単にするために原子で見てみましょう。

先に見たように、原子は＋の電荷を持った原子核の周りを－の電荷を持った電子雲が覆っています。電子雲はその名前の通り、フワフワとして自由に変形します。

電子雲が原子核を一様に覆っていれば、原子はどの部分も電気的に中性でしょう。しかし、電子雲が揺らいだら、原子には一時的に＋の部分と－の部分が生じます。すると、この原子の近傍に居る原子は、この原子の電荷の影響を受けて電子雲に偏りが生じます。この結果、この2個の原子の間に静電引力が生じます。

これがファンデルワールス力の本質です。この引力は

●ファンデルワールス力

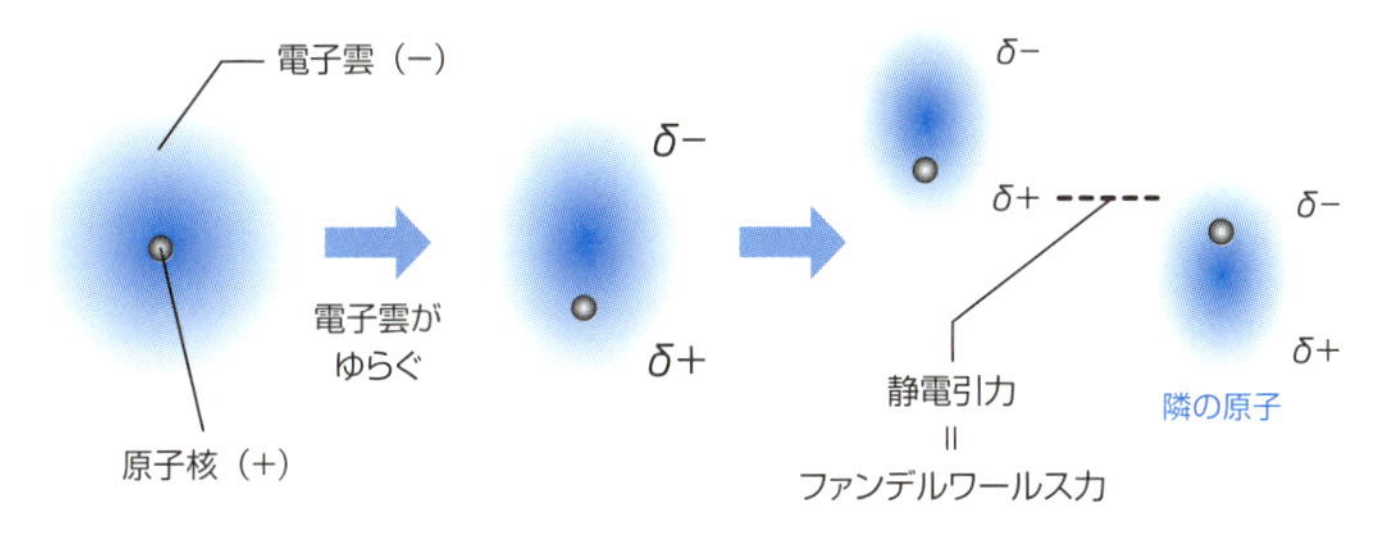

泡のように浮かんでは消える一時的なものですが、集団全体としては大きな引力となるのです。

## 疎水性相互作用

分子の中には、アルコール（エタノール）や砂糖のように水に溶ける親水性の分子と、石油やバターのように水に溶けない疎水性（親油性）の分子があります。

疎水性分子は、できるだけ水分子と触れ合わないように神経を尖らしています。このような疎水性分子の集団（一滴）を水の中に落としたらどうなるでしょう？

もし、集団が崩れて一分子ずつに分散したら、全ての分子は嫌な水分子と接することにな

●疎水性相互作用

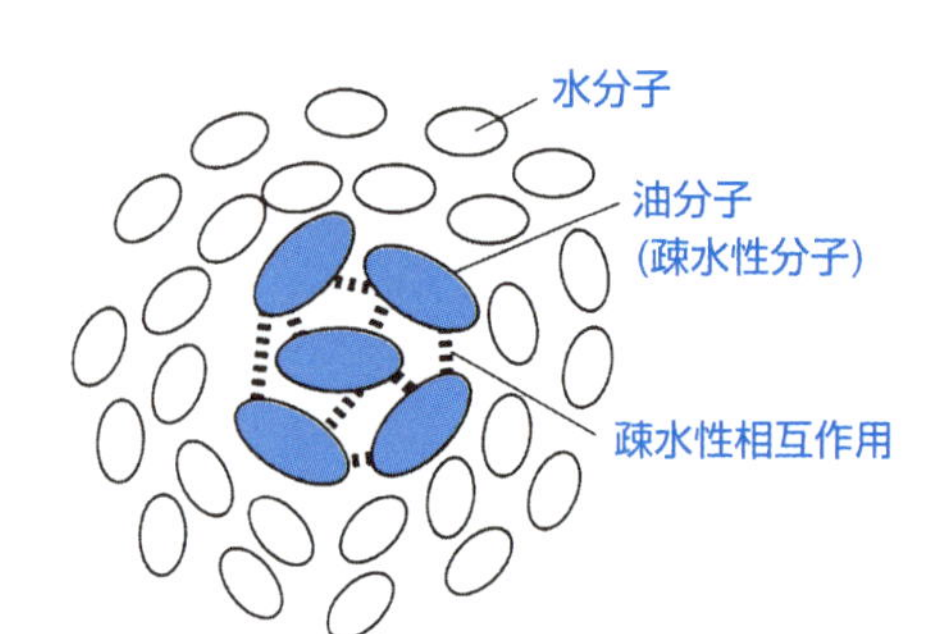

ります。では、どうするでしょうか？　仕方ありません。集団のままで居るのです。そうすれば、集団の外側の分子は犠牲となって水分子に接しますが、内部の分子は保護されます。

この状態は、満員電車のおしくらまんじゅう状態と言うことができるでしょう。つまり、集団の中の分子は互いに押されているのです。これは互いに引き合っていると見ることも可能です。そして、この引力を疎水性相互作用と呼びます。

疎水性相互作用は、水分子の多い環境に置かれた有機分子の間に働く力として非常に一般的で有用な引力です。

## 配位結合

分子間の結合の中で、特殊で強力なのは配位結合です。ここまでに見た分子間力はいずれも静電引力によるものです。ところがこの配位結合は共有結合にそっくりの結合なのです。つまり、他の分子間力が「引力」なのに対して配位結合はまさしく「結合」なのです。

## 非共有電子対と空軌道

共有結合を作る電子は、1個の軌道の中に1個だけ入った不対電子でした。しかし、原子によっては、1個の軌道の中に2個の電子を入れています。このような電子を非共有電子対と言います。一方、原子の中には電子の入っていない空っぽの軌道を持っているものもあります。このような軌道を空軌道（くうきどう）と言います。

## 配位結合の生成

図の原子AとBは共に1個ずつの不対電子を持っており、共有結合して分子A－Bを作ります。一方、原子Cは非共有電子対を持っています。それに対し

●共有結合と配位結合

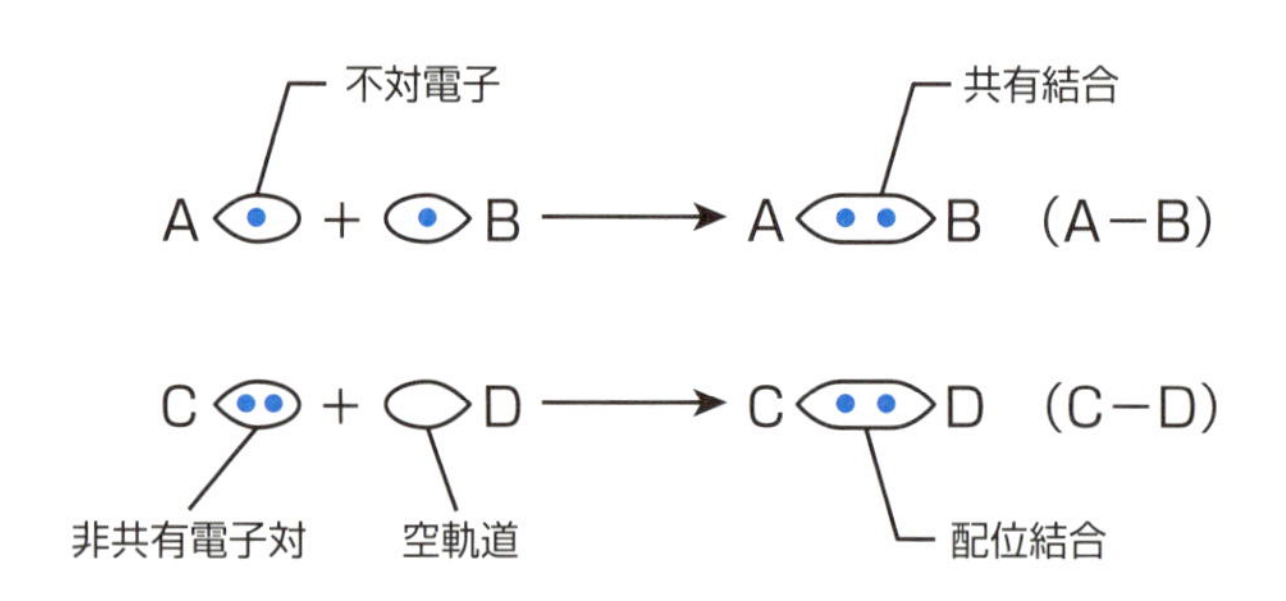

て、原子Dは空軌道を持っています。

この原子CとDがお互いの軌道を重ねたらどうなるでしょうか？ 新しくできた軌道にCの2個の電子が入るのではないでしょうか？ この結果、新しい軌道には2個の電子からなる共有電子対が入ります。この原子C、D間の結合は原子A、B間の結合となんら変わらないことになります。つまり、C、D間の結合も共有結合なのです。

## 共有結合と配位結合

しかし、よく考えると違いがあります。つまり分子A－Bの結合は原子AとBが平等に1個ずつの電子を出し合っています。しかし分子C－DではCが2個の電子を出し、Dは電子を出していません。このように、結合する一方の原子だけが2個の電子を出して作る結合を配位結合と言うのです。

しかし、どちらの原子が出そうと、電子に違いはありません。したがって、配位結合と共有結合の間に実質的な違いは何も無いことになります。

## 配位結合の例

窒素原子Nは4個の軌道を持っており、そのうち3個には不対電子が入りますが、もう1個には非共有電子対が入ります。Nの3個の不対電子に3個の水素原子Hが共有結合するとアンモニア分子$NH_3$ができます。

ホウ素Bも4個の軌道を持っており、そのうち3個には不対電子が入りますが、もう1個は空の空軌道となっています。Bに3個のHが共有結合すると水素化ホウ素$BH_3$となります。

●配位結合の例

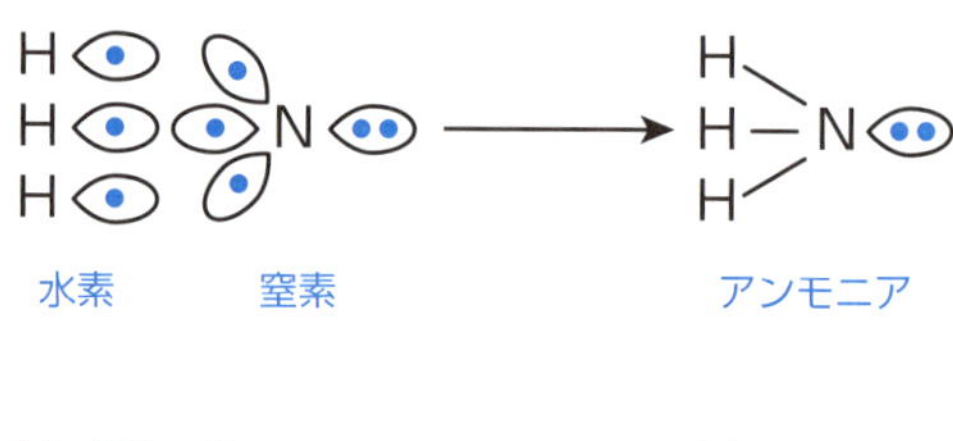


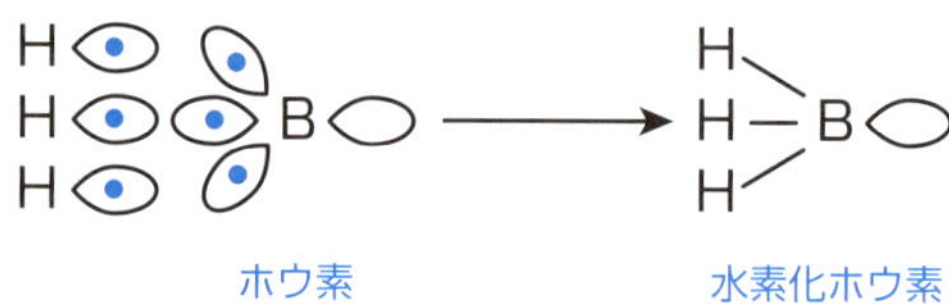


$$H_3N: + BH_3 \longrightarrow H_3N{-}BH_3$$

$NH_3$も$BH_3$も独立した分子です。ところで、この2個の分子が出会って、互いの非共有電子対と空軌道を重ねたらどうなるでしょうか？　先に見た現象が起こり、$NH_3$と$BH_3$の間に配位結合ができてしまいます。つまり、2個の分子が結合して新しい分子$H_3N-BH_3$が誕生したのです。

## 分子マシン

いくつかの分子間力を見てきました。初めて聞いたという人も多いかと思いますが、自然界では決して珍しいものではありません。それどころか、私たちの体も含めて生体は分子間力で、できていると言ってもよいほどです。

つまり、生体は分子間力で結合した分子、すなわち超分子で、できているのです。超分子の特徴は生成、分解が簡単にできると言うことです。それは分子間力が弱い力しか持たないと言うことに由来します。同時に超分子は柔軟で融通性があると言う特徴もあります。つまり、構造を変形させることができるのです。

これは他の分子に機械的に圧迫されることによって仕方なく動くこともあります

し、超分子がエネルギーを得て、積極的に他の分子に働きかけることもあります。このような現象が一定方向にまとまると、機能的な動きになることになります。つまり、分子マシンの誕生ということになるのです。

Chapter.2
分子マシンの
単位構造

# 分子は合体が好き

Chapter.1で、素粒子は合体して核子を作り、核子は合体して原子を作り、原子は合体して分子を作ることを解説しました。

ところがそれだけでなく、分子も合体して超分子を作ることがわかりました。宇宙を構成する粒子は合体が好きなようです。

## 分子の合体

Chapter.1で、水分子は水素結合で合体して会合体、クラスターを作ることを見ました。その最たるものが水の結晶である氷でした。しかし、このような会合体では、分子が結合して作った構造体の単位、あるいは構造が見えません。

## 安息香酸の構造

単位構造がよく見える、わかりやすいサンプルがあります。それは安息香酸(あんそくこうさん)です。これはある種の植物から採れる香料である安息香に含まれる酸なので、このような名前がついたのですが、このものに香りは一切ありません。

安息香酸の分子構造は下の図に示したものです。6角形のカメノコのような構造を一般にベンゼン骨格と言います。安息香酸ではこのベンゼン骨格にカルボキシル基という原子団（置換基）COOHがついています。この置換基は$H^+$を放出します。

●安息香酸

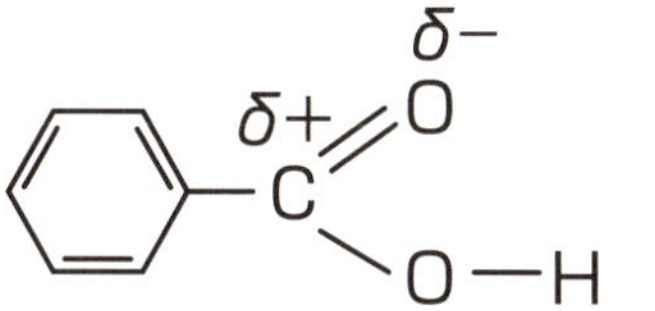

δ−
δ+ O
C
O — H
δ− δ+

安息香酸

$$R - COOH \longrightarrow R - COO^- + H^+$$

このように、$H^+$を放出する物質を一般に酸と呼びます。したがってカルボキシル基を持つ物は酸であり、安息香酸もその名前の通り酸であるということになります。

## 安息香酸二量体

Chapter.1で見たように、各原子の電気陰性度はO=3.0、C=2.5、H=2.1です。したがってC=O結合では、炭素は+に荷電し、酸素は−に荷電しています。同様にO−H結合ではHが+に荷電します。

この結果、安息香酸は二分子集まると互いにプラス部分とマイナス部分が向き合う形になり、ピッタリの位置に水素結合ができることになります。実際に安息香酸は溶液中では一分子ずつバラバラになっ

●安息香酸二量体

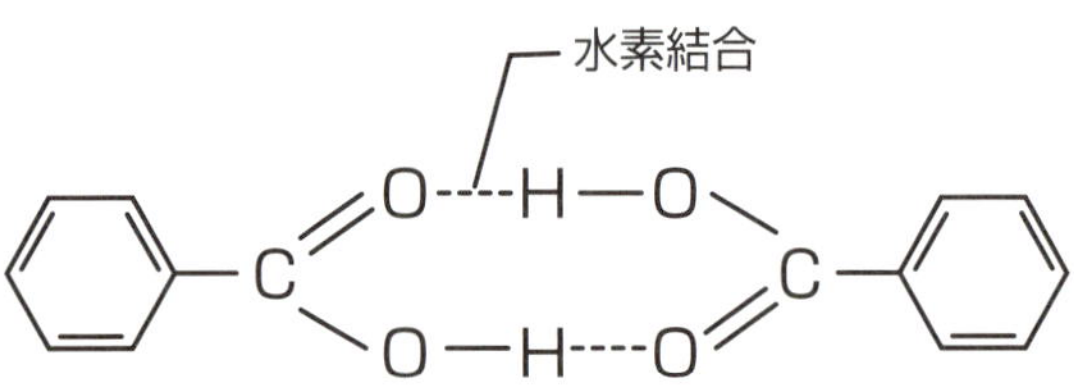

水素結合

安息香酸二量体

ているのではなく、二分子の会合体となって、あたかもこの会合体が1個の分子であるかのように挙動していることが知られています。これは典型的な超分子の一種と言ってよいでしょう。

つまり、2個の分子が分子間力（水素結合）によって結合することによってより高次な構造体、超分子ができたのです。

## リボン状の超分子

次に、ベンゼン環に2個のカルボキシル基が対面の位置に着いた分子、テレフタル酸を見てみましょう。

先に見た安息香酸と同じように、この分子も二分子が会合して二量体を作ります。しかし、この

●テレフタル酸

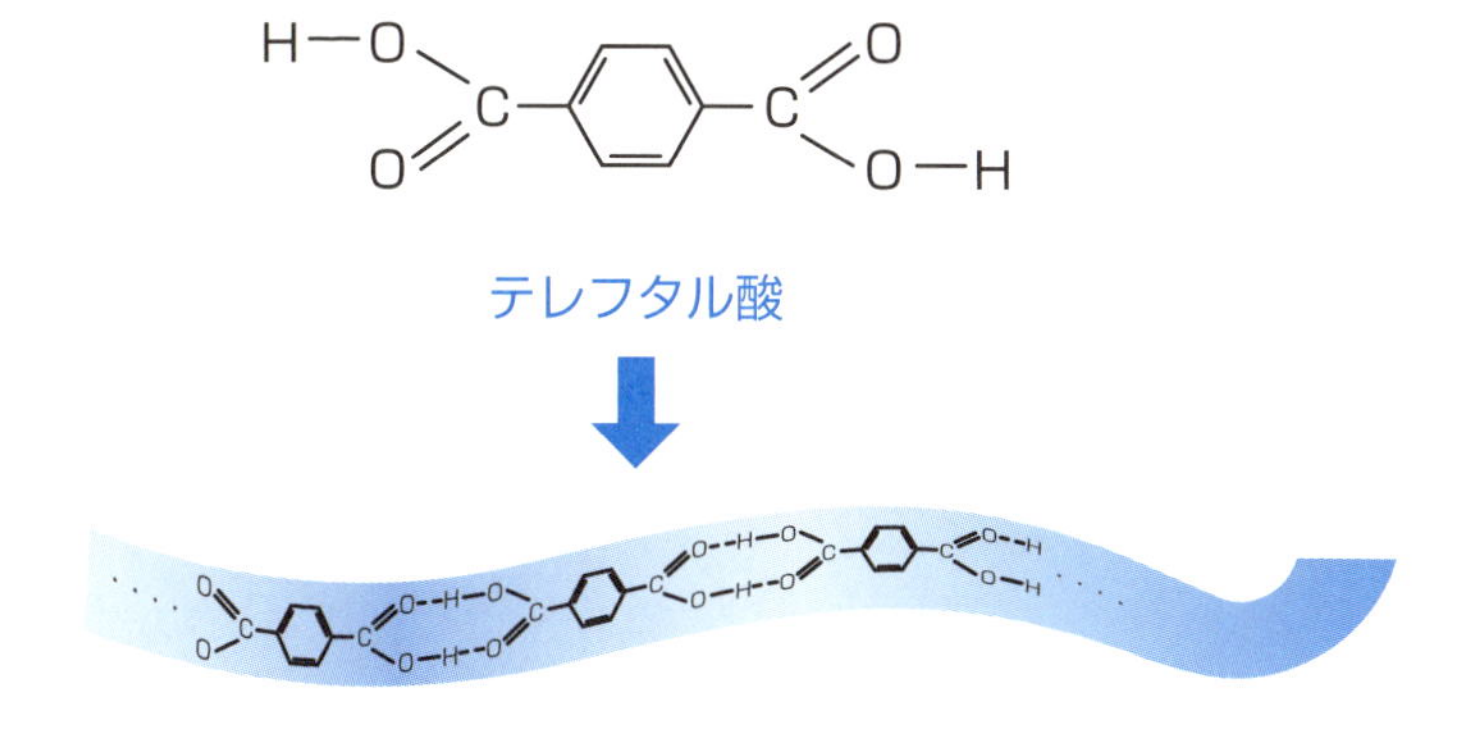

二量体には、水素結合を作ることのできるカルボキシル基が2個ついており、その各々がさらに他のテレフタル酸と会合することができます。

この様な会合を続けると、会合体はズンズン長くなり、ついにはリボン状の会合体、すなわちリボン状の超分子となることができます。

## 大環状超分子

2個のカルボキシル基が120度の角度で着いた分子、イソフタル酸を見てみましょう。この分子は会合を重ねると、ちょうど6個の分子が会合した時点で、

●大環状超分子

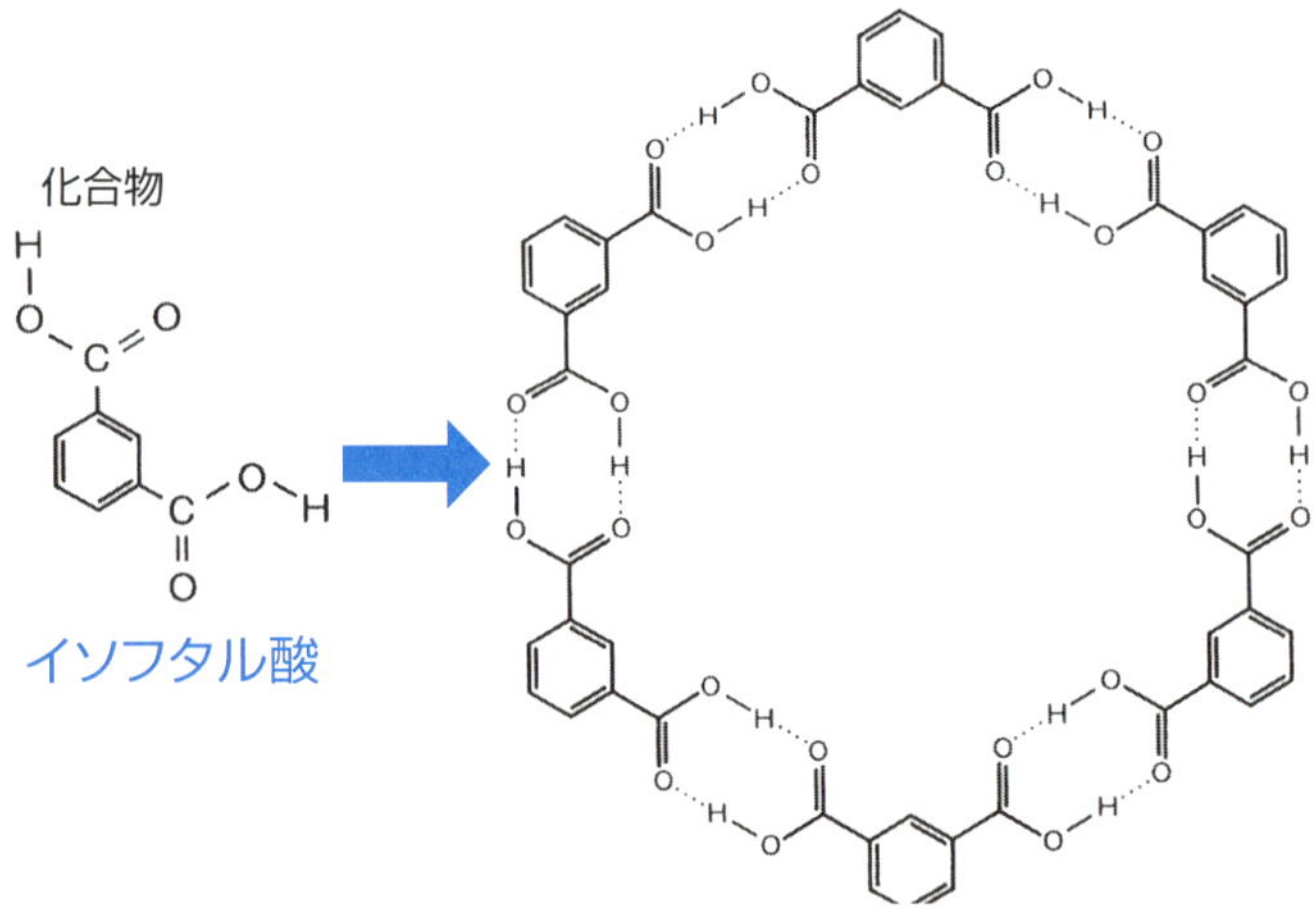

化合物

イソフタル酸

最初の分子と最後の分子のカルボキシル基が向きあうことになります。

ここで会合が起きると、6個のイソフタル酸分子でできた大きな環状の構造体が出来上がります。これは大環状構造を持った超分子の例です。

このように、適当な置換基を適当な位置に配置すると、分子間力によって出来上がる超分子の構造を制御することができます。このようなテクニックを駆使して分子マシンを設計製作していくのです。

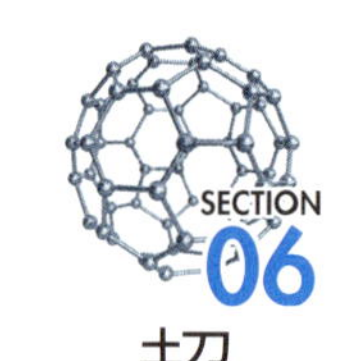


# 超分子のための基本単位分子

超分子は、任意の分子を任意の個数だけ組み合わせ、分子間力で結合した分子です。したがって、超分子を構成する単位分子は何でもいいのですが、よく使われる分子もあります。そのような分子を見ておきましょう。

## $C_{60}$フラーレン

１９８５年にこの分子が発見されたときには化学界の大きな話題となりました。１９９６年、発見者の３人の化学者はノーベル化学賞を受賞しました。

この分子は、炭素原子だけでできた分

●$C_{60}$フラーレンの構造

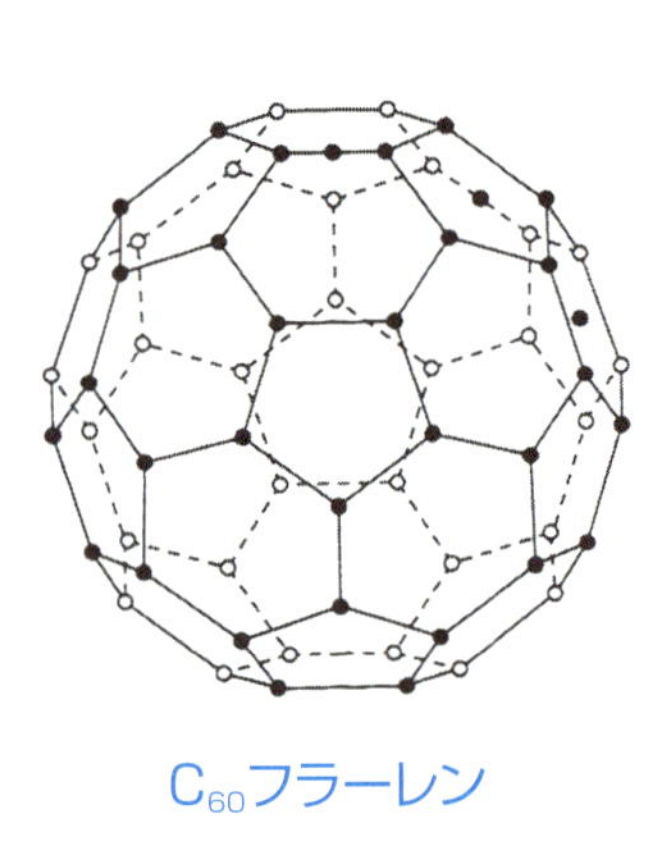

$C_{60}$フラーレン

子です。炭素の個数は60個、分子の形は完全な球形、その模様（炭素の配列）がサッカーボールにそっくりなことから、サッカーボールの愛称さえ持っているほどです。

その後、似たような分子はいろいろみつかりました。それには炭素の個数が70個だとか78個だとかであり、それに伴って形も真球ではなく、ラグビーボール状だったりとさまざまな形があります。名前はそれぞれ$C_{70}$フラーレンのように呼ばれます。

$C_{60}$フラーレンは結晶ですが、この分子は結晶中でも激しく回転しています。絶対温度一桁の低温でも回転を止めないた

●いろんなの構造の例

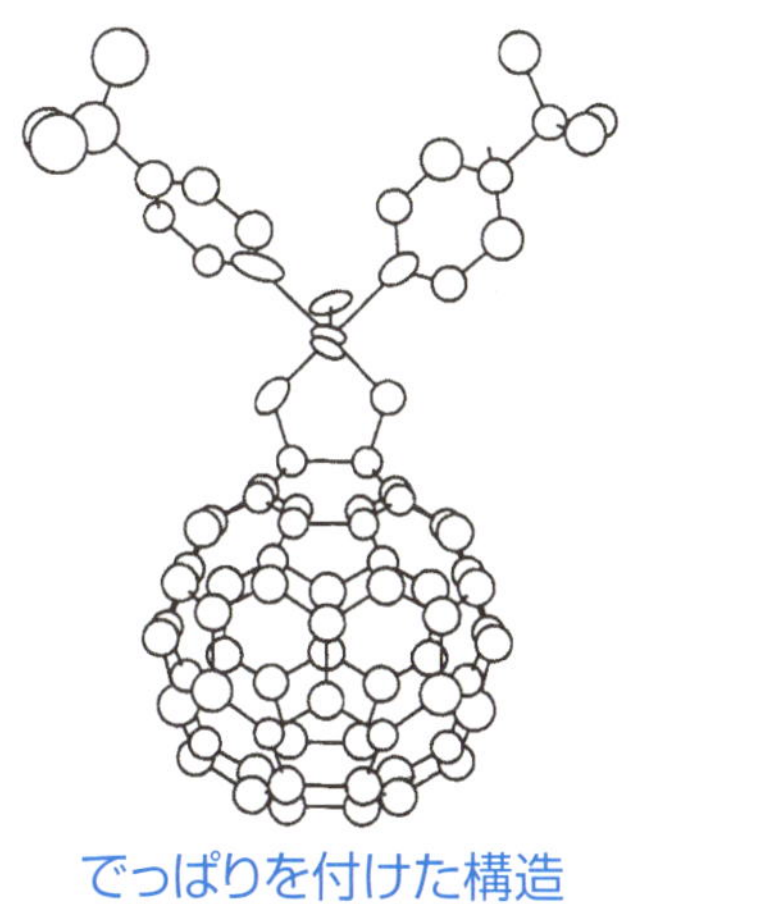

でっぱりを付けた構造

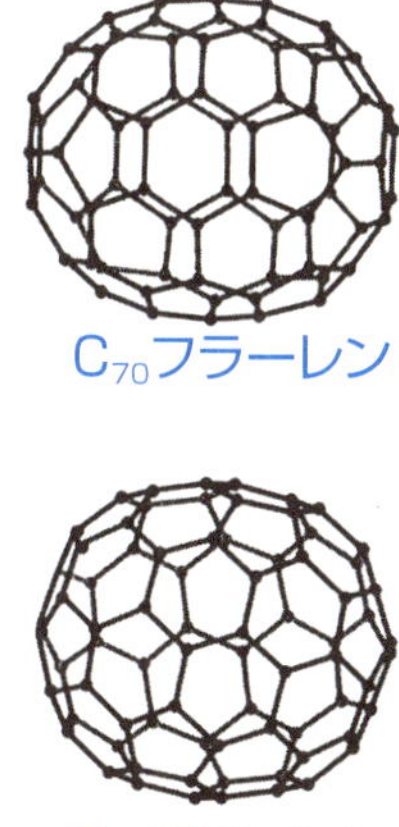

$C_{70}$フラーレン

$C_{78}$フラーレン

め、単結晶X線構造解析による正確な構造決定が困難だったのですが、化学反応を行って出っ張りをつけた化合物を作ることによって回転を止めたと言われます。フラーレンの中には金属原子等を入れることができます。これは分子と原子からできた超分子の例と言うことができます。

●金属原子の入ったフラーレン

## カーボンナノチューブ

カーボンは炭素、ナノはナノメートル（$10^{-9}$m）という極小単位、チューブは円筒ということで、この分子は炭素だけでできた極小スケールのチューブ状の分子です。

この分子の構造を理解するには、鉛筆の芯に使われるグラファイト（黒鉛）の構造を理解しておくと便利です。グラファイトは炭素だけでできたフィルム状の分子が何層も積み重なったものです。このフィルム状分子はベンゼン骨格が前後左右に無限に連続したものであり、まるで鶏小屋に使う金網のような構造になっています。

カーボンナノチューブは、このフィルム状の分子を丸めて円筒にしたようなものです。ただし、フィルムの合わせ目はきちんと合わさっており、重なったりはしていません。また、円筒の両端は基本的に閉じています。

図に示したチューブは一重構造ですが、中には入れ子式に何個ものチューブが重なって、何層にもなったチューブも知られています。

カーボンナノチューブは引っ張りに非常に強い分子なので、将来、宇宙エレベータのワイヤーに使うなどのアイデアが出ています。またこのチューブの中に小さな分子を入れて容器として使うことも考えられます。つまりチューブの中に薬剤を入れ、ガンなど、特定の病巣にだけ選択的に送り届けるＤＤＳ（薬剤配送システム）への応用です。これなどはまさしく超分子そのものの利用です。

## ●カーボンナノチューブ

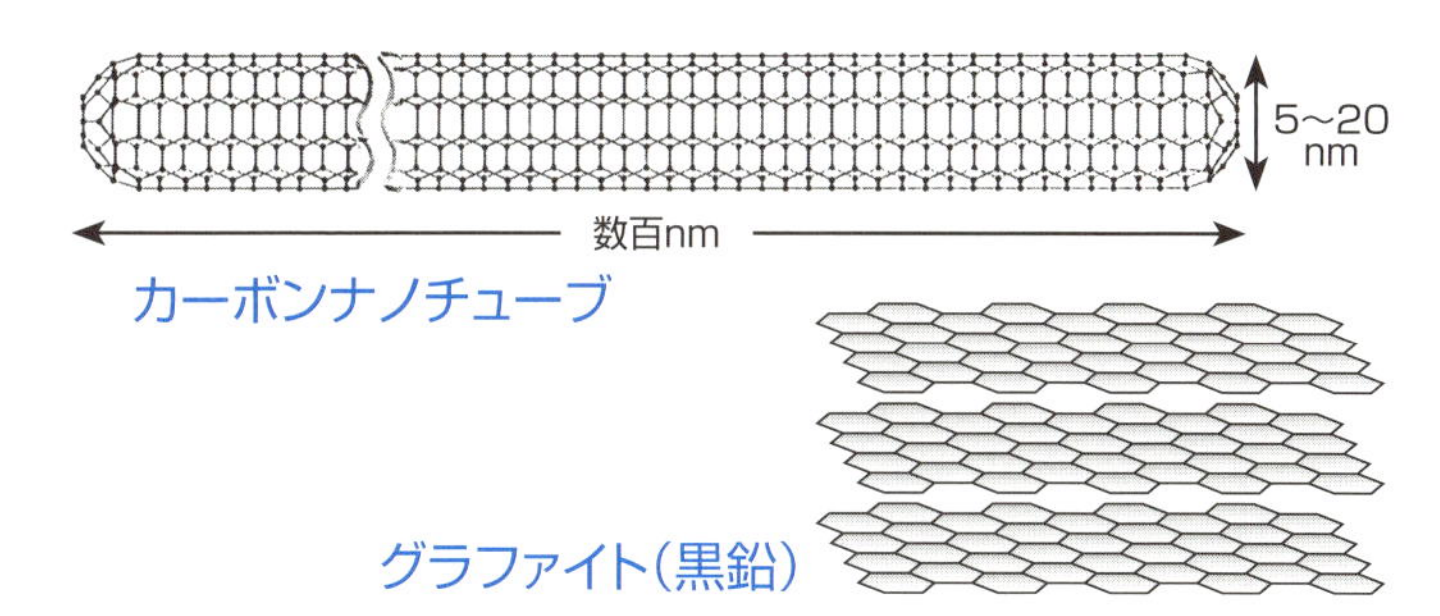

## メタンハイドレート

金属原子の入った（内包された）$C_{60}$フラーレンの話が出たついでに見ておきたいのがメタンハイドレートです。メタンハイドレートというのは最近話題の「燃える氷」であり、水深数百mの海底に積もったシャーベットのような物質です。海底から掘り出して、スプーンに乗せてライターで火を着けると青い炎を出して燃えます。日本の周囲にたくさんあります。そのため、将来の燃料として有望視されています。

メタンハイドレートの構造は下の図に示したようなものです。大きな黒丸はメタン分子$CH_4$を表します。小さな白丸は水分子$H_2O$の酸素原子Oを表します。すなわち、多くの水分子が水

●メタンハイドレートの分子構造

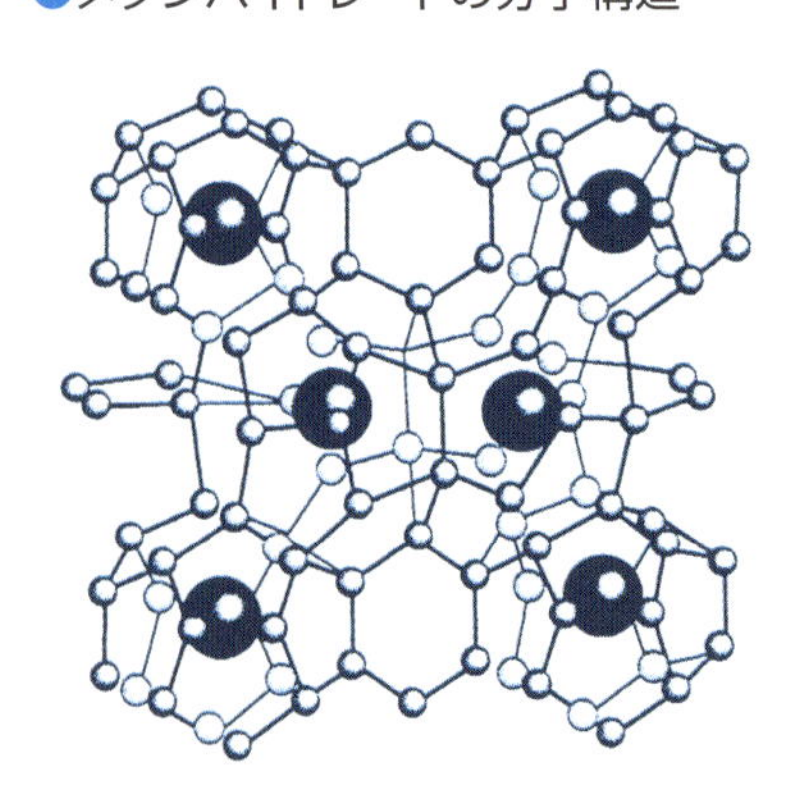

素結合することによってできた籠状の容器の中にメタン分子が入っているのです。

燃えるのは、このメタン分子です。水分子は燃えません。メタンが燃えた熱で気化して水蒸気になるだけです。

図では多くのメタンハイドレートが連続していますが、平均すると、メタン分子と水分子の個数比は1：16ほどになっています。実際に採掘するときには海底でメタンハイドレートを分解し、メタンだけを取り出すようにします。

## デンドリマー

デンドリマーという名前は、ギリシア語の「木」から取った名前です。その名前の通り、デンドリマーは植物の成長した姿を思わせる分子ですが、それ以上にデンドリマーの合成経路が植物の成長過程にそっくりなのです。

典型的なデンドリマーは、図の分子Aから合成します。Aには成長点と呼ばれる部位があり、化学反応は専らその点で起こります。

1個のAが持つ2個の成長点にそれぞれ1個ずつ別のAが反応すると中間体Bがで

きます。Bには全部で4個の成長点がありますが、それぞれがAと反応することができ、その結果、中間体Cができます。

　このような反応を続けると最終的にDのような円盤状のデンドリマーができることになります。

　このようにデンドリマーは多数個

●デンドリマー

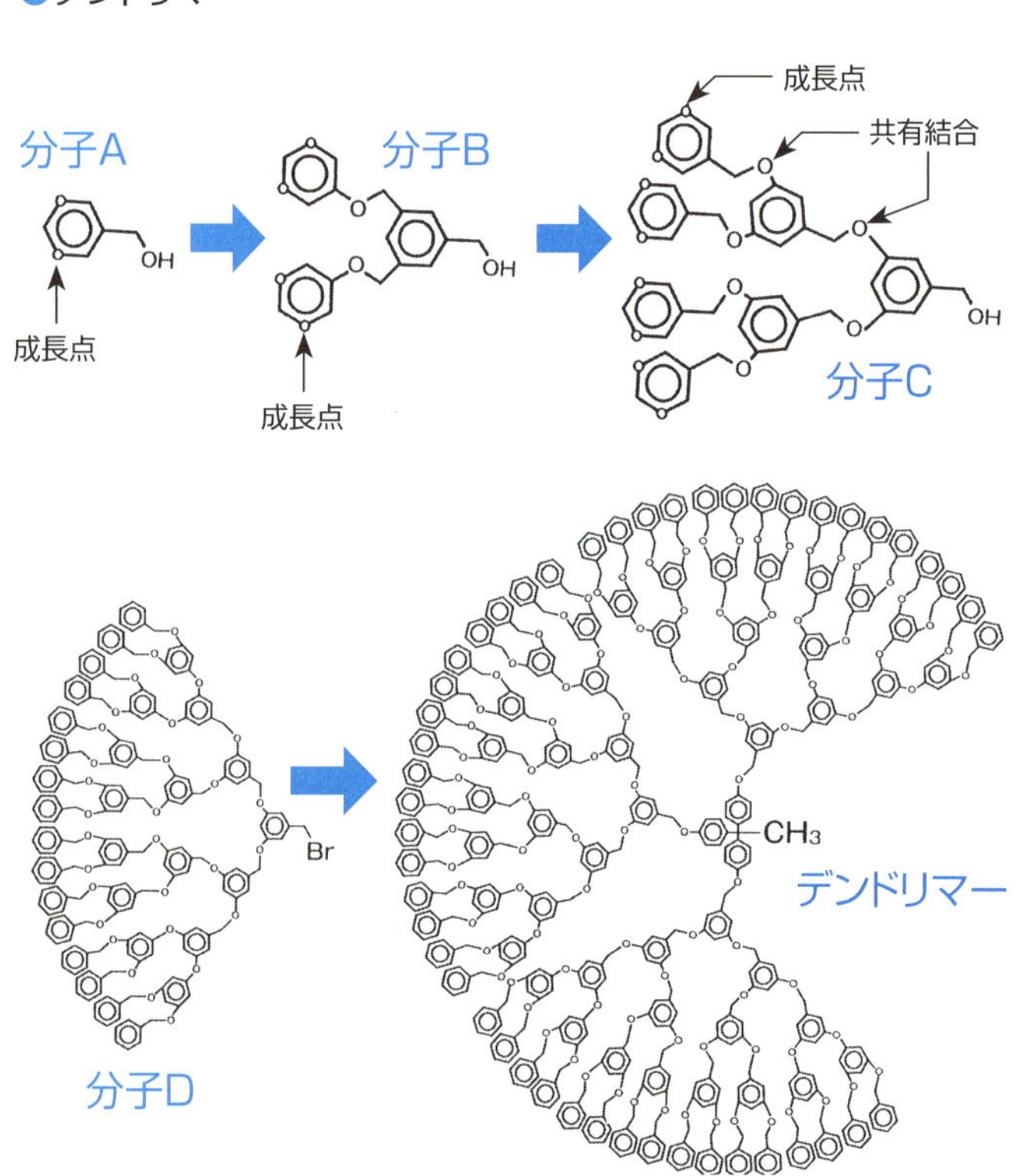

の単位分子Aが共有結合で繋がったものですから、基本的には、プラスチックなどの高分子の一種です。しかし、超分子の一種として扱われることもあります。

デンドリマーの広がった分子構造のどこかに刺激が与えられると、その刺激は分子の網を通じて分子中央に伝わります。これは分子中央にいながらにして、分子網全ての情報を集約できることになります。言ってみればデンドリマーはパラボラアンテナのような役割をすることができるのです。

SECTION 07

# 輪投げと知恵の輪を作る

超分子にはいろいろの種類がありますが、なかでも代表的な種類がいくつかあり、固有の名前がついているものがあります。

そのようなものに、環状化合物を使って組み立てた超分子があります。ロタキサンとカテナンです。

## 分子で輪投げを作る

ロタキサンという名前はラテン語の「rota（輪）」と「axis（軸）」から作られた造語です。ロタキサンはその名前の通り、軸と輪の組み合わせです。つまり、軸になる分子と輪になる分子の2分子からできた超分子です。要するに輪投げのような分子です。

## ロタキサンの例

ロタキサンの例はたくさんありますが、図の分子は、その典型例です。中央の環状分子の中を横に長い棒状の分子が通っています。環状分子はこの棒状分子の端から端まで動くことができ、当然、いつか棒状分子から外れてしまいます。そのため、棒状分子の両端にストッパーの役割をする大きな原子団(置換基)が着いています。

環状分子としてよく用いられる分子に、シクロデキストリンという分子があります。これはブドウ糖分子($C_6H_{12}O_6$)が数個、環状に結合したもので円筒状の分子です。これが何個も棒状分子で繋がれたものは、まるでネックレスのように見えることから分子ネックレスと呼ばれることもあります。

●ロタキサン

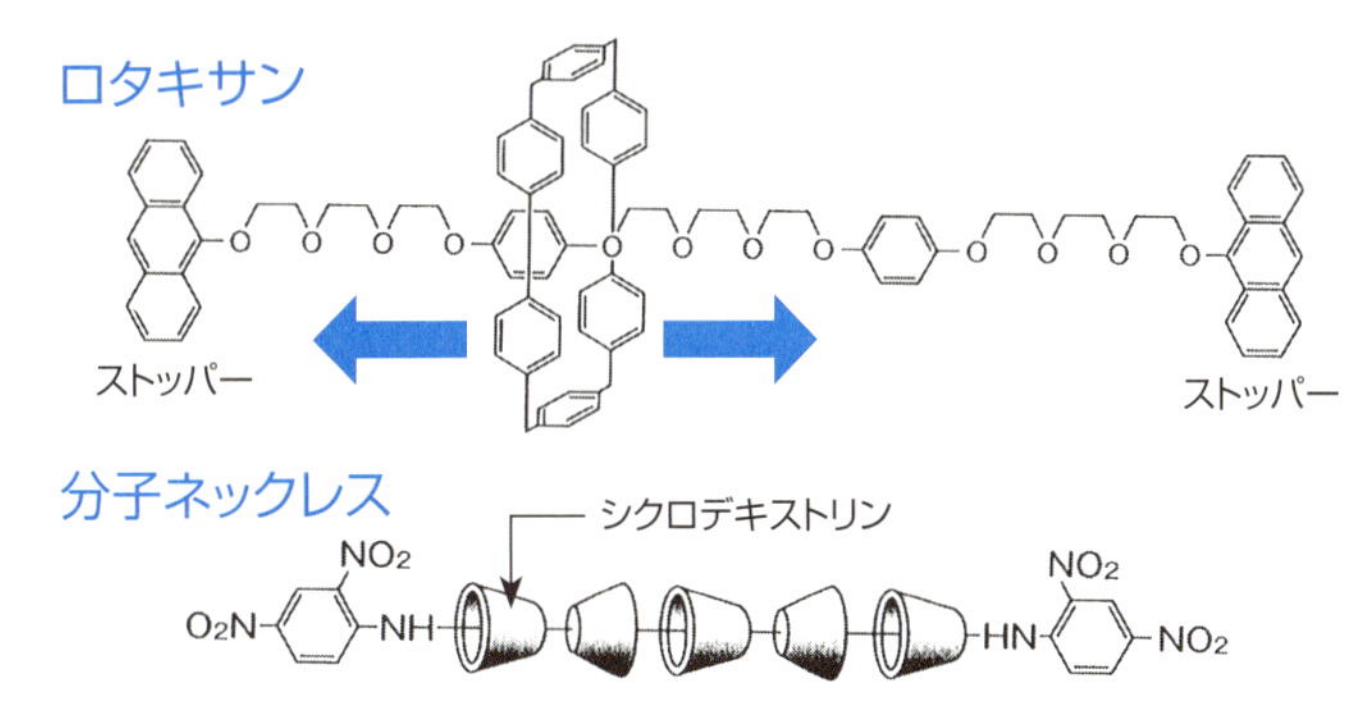

## ロタキサンの作り方

ロタキサンを合成するには2種の分子AとBを用います。Aは棒状分子です。Bは環状分子の素であり、両端bで結合することによって環状分子になります。

ロタキサンを作るには、この2種類の分子を混ぜて置き、Bを反応させて環状分子にします。すると中には偶然に、ちょうどAを環の中に入れた形で環化するBが出てきます。つまりロタキサンの完成です。

●ロタキサンの合成

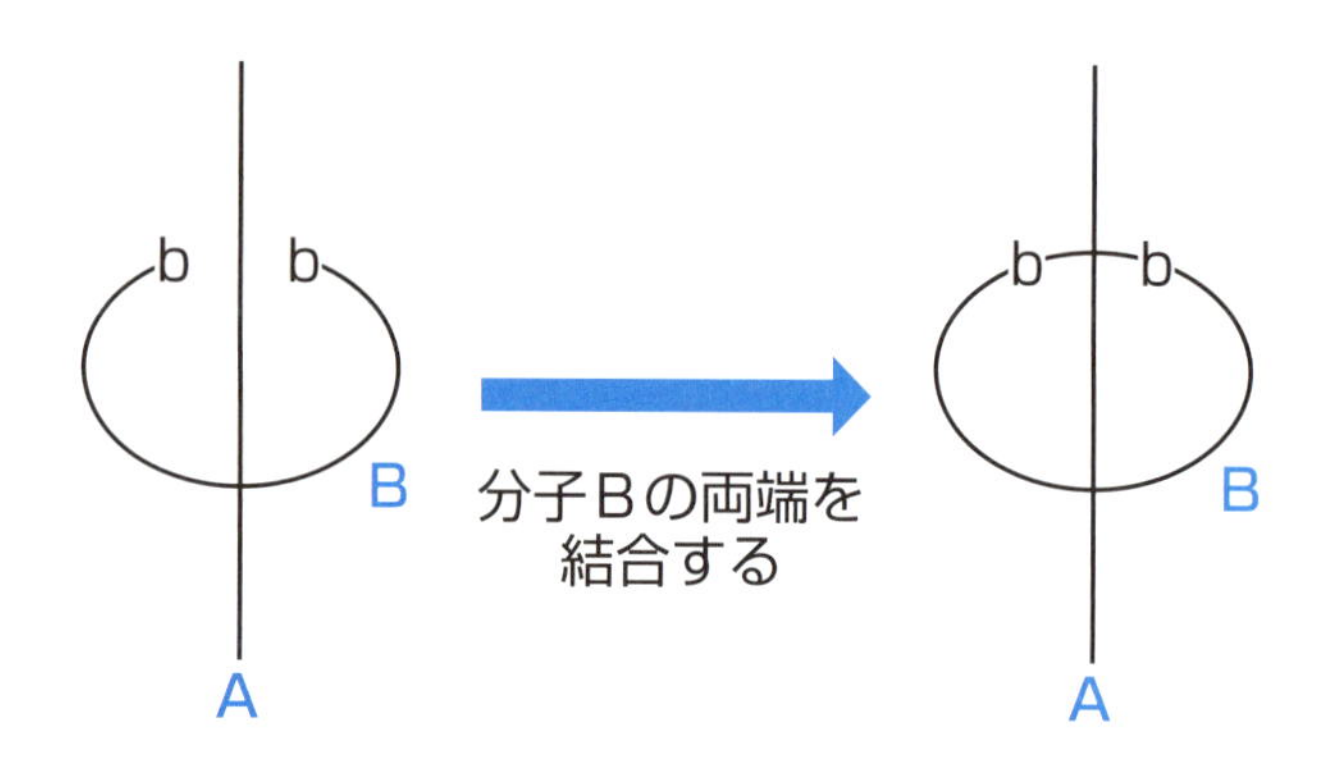


b——b ＋ b——b ⟶ b——b-b——b ⟶⟶

B　B　高分子化

AとBの濃度が高ければ高いほど、このような偶然が起こる確率は大きくなります。しかし、同時に2分子、3分子のBがB同士で反応して高分子になる確率も高くなります。

そのため、AとBの構造に工夫をして、互いにひきつけあうような工夫をして反応を起こさせることになります。

## ロタキサンの用途

棒状分子に着いた両方のストッパーの構造を違えて片方をX、もう片方をYとしておきましょう。このようにすれば、環状分子がXの近くに来た状態と、Yの近くに来た状態とでは分子の性質が異なることになります。つまり、2つの状態を可逆的に往復できるのです。これは一種のスイッチです。つまりカテナンは分子スイッチの働きが期待されるのです。

## 分子で知恵の輪を作る

カテナンという名前はギリシア語で鎖を表すcatenaに由来する造語です。鎖は環を組み合わせて作りますが、カテナンも環状分子を組み合わせて作ります。鎖ほど長くは無いので日本では分子の知恵の輪と呼ばれることもあります。

## カテナンの例

カテナンの典型的な例は図のようなものです。2個の環状化合物、すなわち、6個の六員環を繋いだ環状分子と、エーテル骨格とベンゼン環を繋いで作った環状分子が鎖の一部分のように組み合わさっています。当然ですが、各々の環

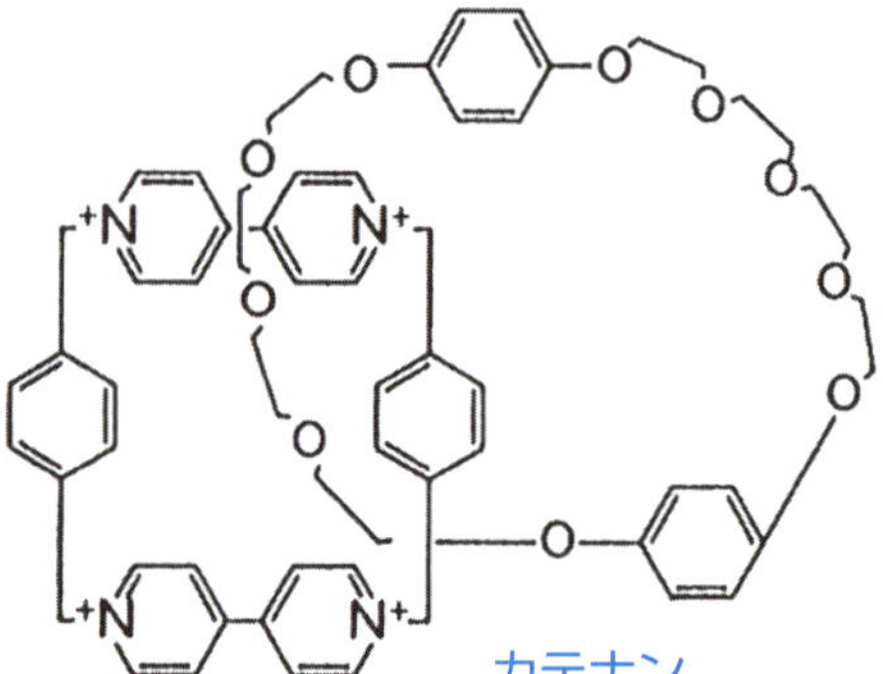

●カテナン

は独立に回転することができます。

もう1つの例は、オリンピアダンです。これはオリンピックの紋章のように、5個の環状化合物が組み合わさった化合物で、もちろんカテナンの一種です。

## カテナンの作り方

カテナンの作り方はロタキサンの場合と同様です。つまり2種類の鎖状分子AとBを適当な位置に固定し、それぞれを閉じて環状分子にすればよいのです。

しかし、このような最適の配置ができて、しかも2個の環が組み合うようになる幸運は多くはありません。そこで、AとBに適当な工夫を凝ら

●オリンピアダン

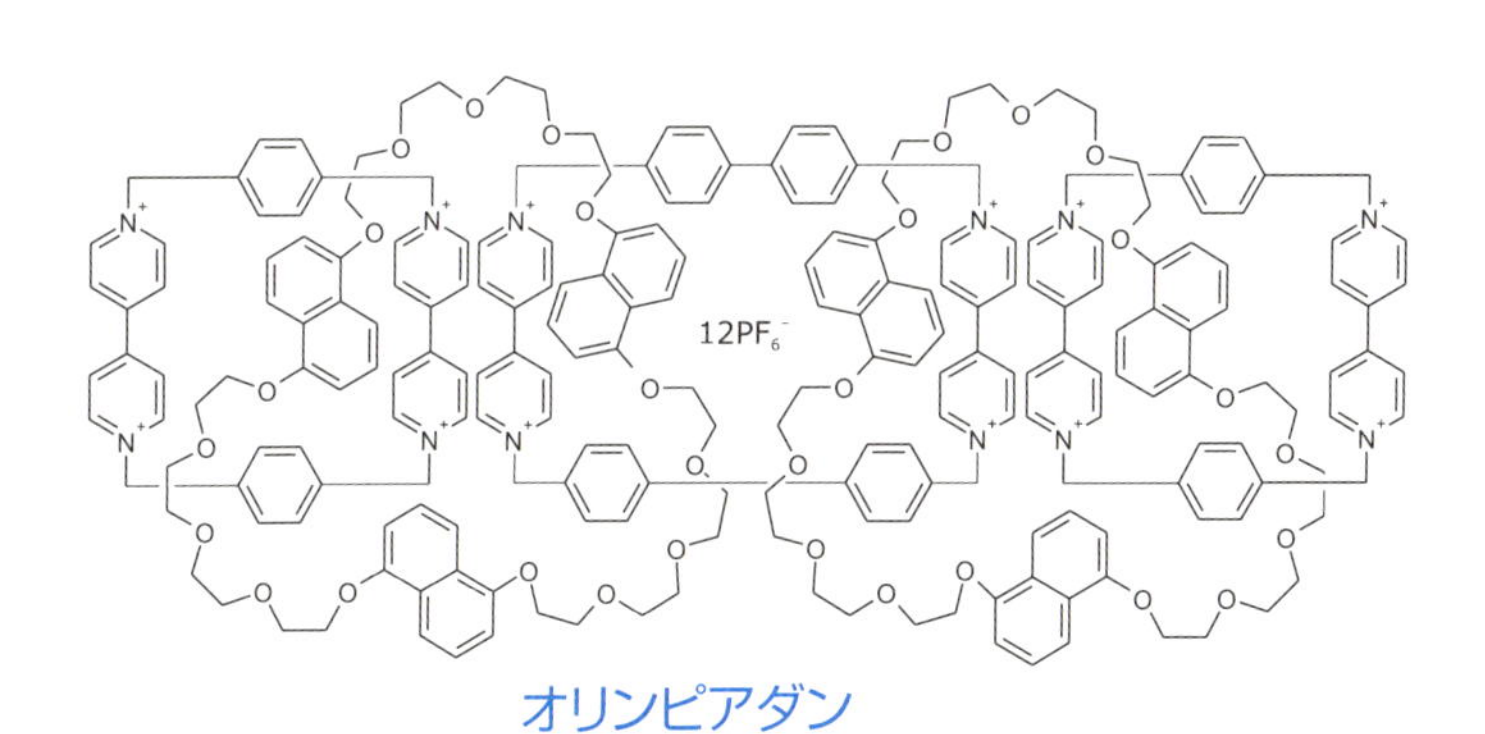

してこのような配置と閉環方向になるようにしてあります。

図のカテナンの環構造で、一方の環では窒素原子Nが陽イオン$N^+$になっています。もう片方の環では酸素Oがたくさん入っています。酸素は電気陰性度が高く、陰イオン$O^-$になる傾向があります。つまり、この二種の環は互いに静電引力で引き合うように分子設計されているのです。

超分子科学では、このような、先を見越した入念で巧みな分子設計が要求されます。それがまた研究者を惹きつける魅力なのです。

## カテナンの用途

カテナン研究の魅力はわかったとして、そのような

●カテナンの配置と閉環方向

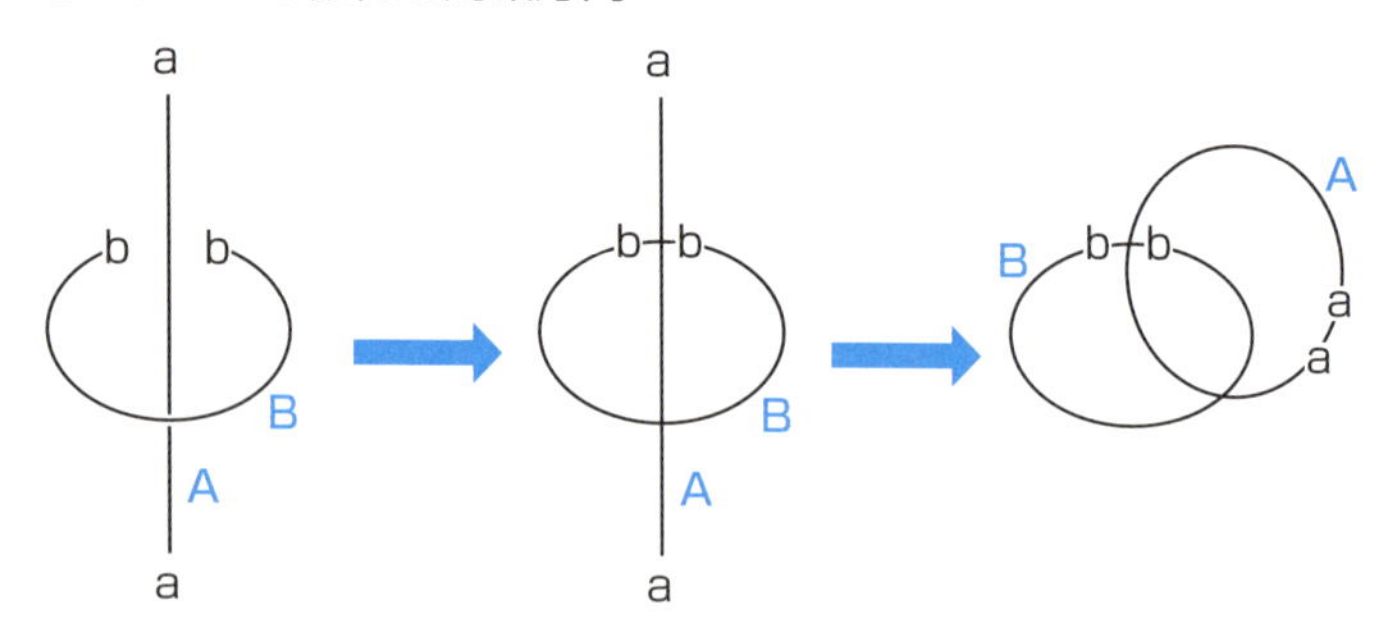

カテナンに何か使い道はあるのでしょうか？　オリンピアダンを作って何の役に立つのでしょうか？　これに対する答えは、「科学は功利で行う行為ではない」という昔ながらのものしかないでしょう。将来は何かとんでもない重要な役に立つのかもしれませんが、現在のところは有用な用途は開発されていないようです。

それなら、功利効率を重視する天然界にはカテナンなど存在しないのかといえば、そうでもありません。存在するのです。例えば古細菌の一種で見られるクエン酸合成酵素がカテナン構造を有しています。クエン酸合成酵素は、タンパク質の一種であり、多数個のアミノ酸が結合した分子ですが、人をはじめ、他の生き物では単量体として存在します。しかし、この古細菌ではタンパク質が環状になり、2つカテナンとなって組み合わさり二量体になっているのです。

このカテナンタンパク質は高温に強く、酵素としての効力を失う変性温度は、通常のクエン酸合成酵素の変性温度よりも高くなっています。鎖になって立体構造がロックされているため、熱変性しにくいのでしょう。この古細菌は100℃超の熱水温泉に住みますが、それが可能なのはカテナン構造のせいなのかもしれません。

SECTION 08

# ギフトボックスを作る

箱はいくつかの平面を組み合わせて作ります。分子の場合も同じです。平面構造の分子を組み合わせると箱型の超分子ができます。箱には1個の独立した箱もあれば、大きな箱の内部を細かく分割したものもあります。箱の中には他の分子を入れることもできます。ギフトボックスのようなものです。

## 分子でギフトボックスを作る

図の分子1は4個のベンゼン型分子を結合したもので、三角形の平面構造をしています。つまり分子パネルです。この分子と、パラジウムPd金属からできた分子2を混ぜると、二種の分子は勝手に会合し、組み合わさって正八面体(四角両錐型)の超分子3になります。正八面体の全部で8個ある面のうち、4面は分子パネルで覆われていますが、残り4面は空いています。

　これは分子パネル1の三角形の頂点にある窒素原子Nが、分子2のパラジウム原子Pdと結合しやすいことによって起こったものです。つまり、4枚の分子パネル1が6個の分子2によって各頂点を固定されることによって起こったのです。

　分子1と2を混ぜる時に、他の適当な分子Xを入れておくと、八面体の空間の中に分子Xが取りこまれてしまいます。

　つまり、ギフトボックス入りのXができるのです。このXをどのように料理するかは、後に見ることにしましょう。

●ギフトボックス

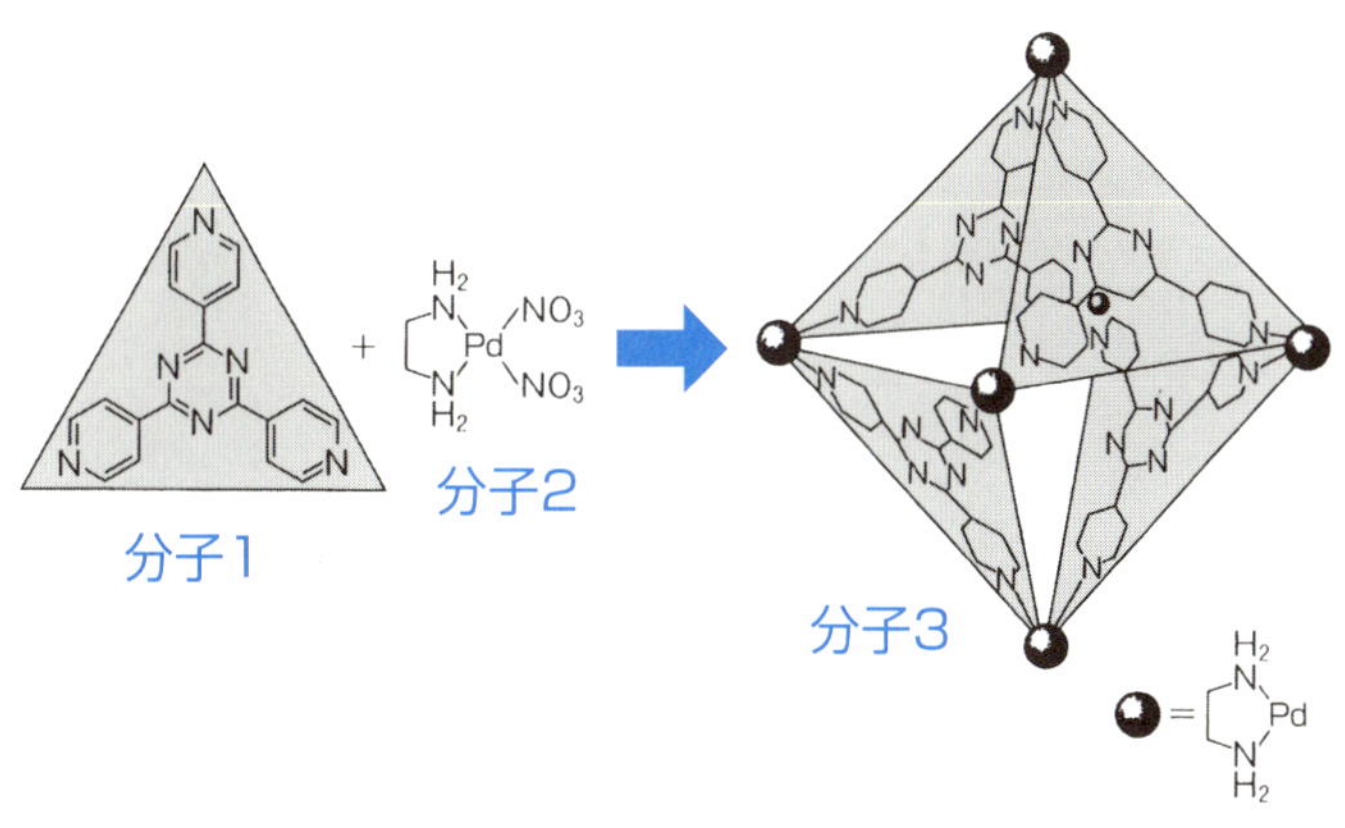


※ギフトボックス、かごの図では二重結合は省略してある。
M.fujita, D. Oguro, M.Miyazawa, H. Oka, K. Yamaguchi, K. Ogura, Nature, 378, 469(1995)をもとに作成

## 分子で詰め合わせボックスを作る

分子4は短冊形の分子です。両端に窒素原子Nがあります。パラジウムイオン$Pd^{2+}$は4個の窒素原子と結合する性質があります。そこで分子4と$Pd^{2+}$を混ぜると勝手に配列して分子5のような箱型の超分子になります。

この超分子は4隅のPdを使ってさらに箱を広げることができます。この結果、小さい箱5がたくさん集まった、まるで詰め合わせ用のギフトボックスのような箱になります。

●詰め合わせボックスの構造

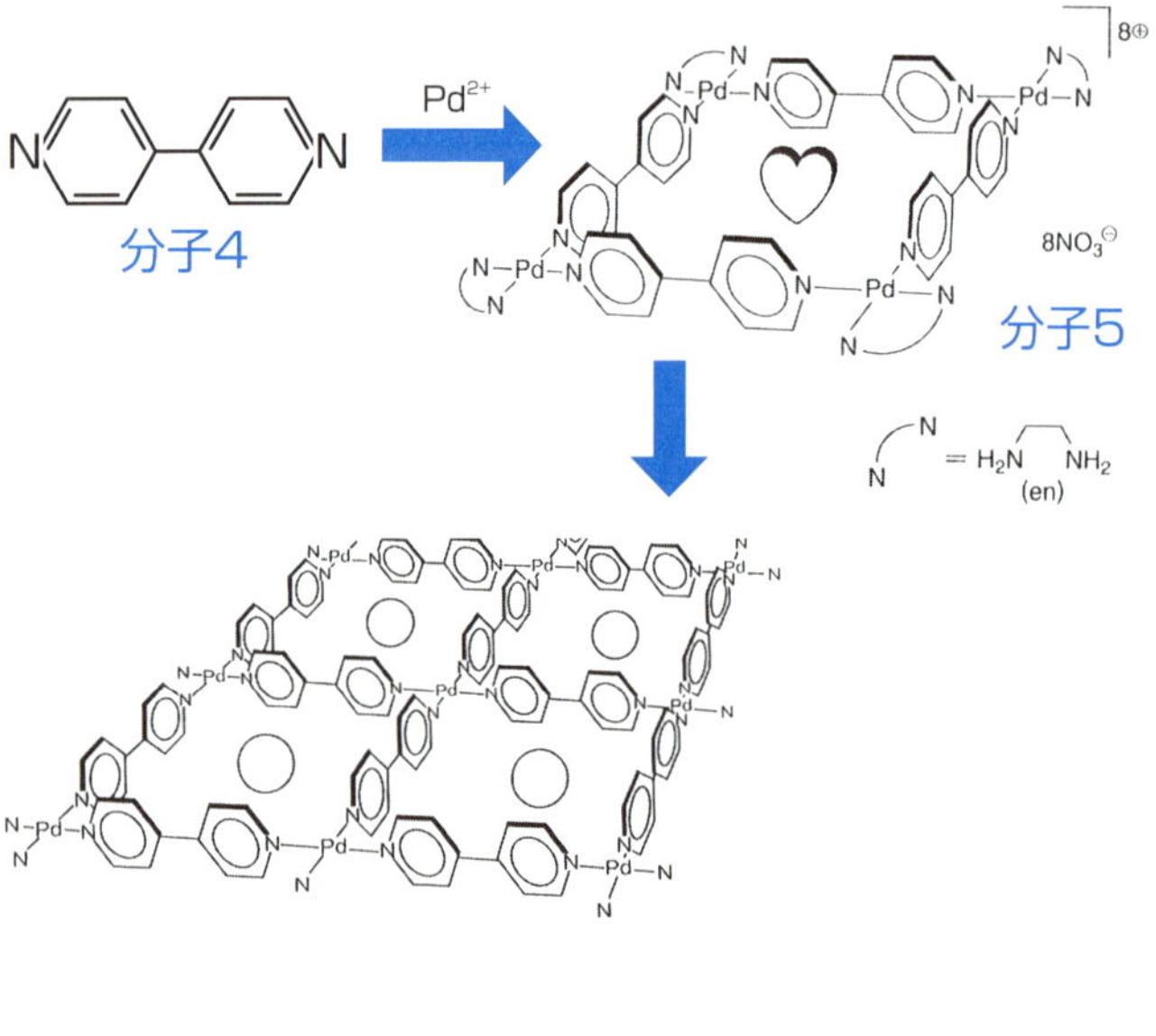

分子4

$Pd^{2+}$

分子5

$8NO_3^{\ominus}$

$8^{\oplus}$

N⌒N ＝ $H_2N$⌒$NH_2$ (en)

## 分子で棚を作る

箱を立てれば棚になる道理ですが、ここで見たいのはもう少し洒落た棚です。つまり3本の柱で支えた棚です。この棚も、先に見た詰め合わせギフトボックスのように、基本単位を積み重ねたものになります。

3個の分子6と1個の分子7を溶かした溶液に銅イオン$Cu^+$を混ぜると、3個の銅イオンを接点にして6と7が結合した超分子8ができます。8はまるで三本脚の花台のように、分子6が脚になり、分子7が平面になっています。

分子6を3個縦に結合した分子と分子7を使って同じ反応を起こすと、花台分子8が3個縦に並んだ棚型分子9ができます。この棚型分子は、分

●三本脚の花台の構造

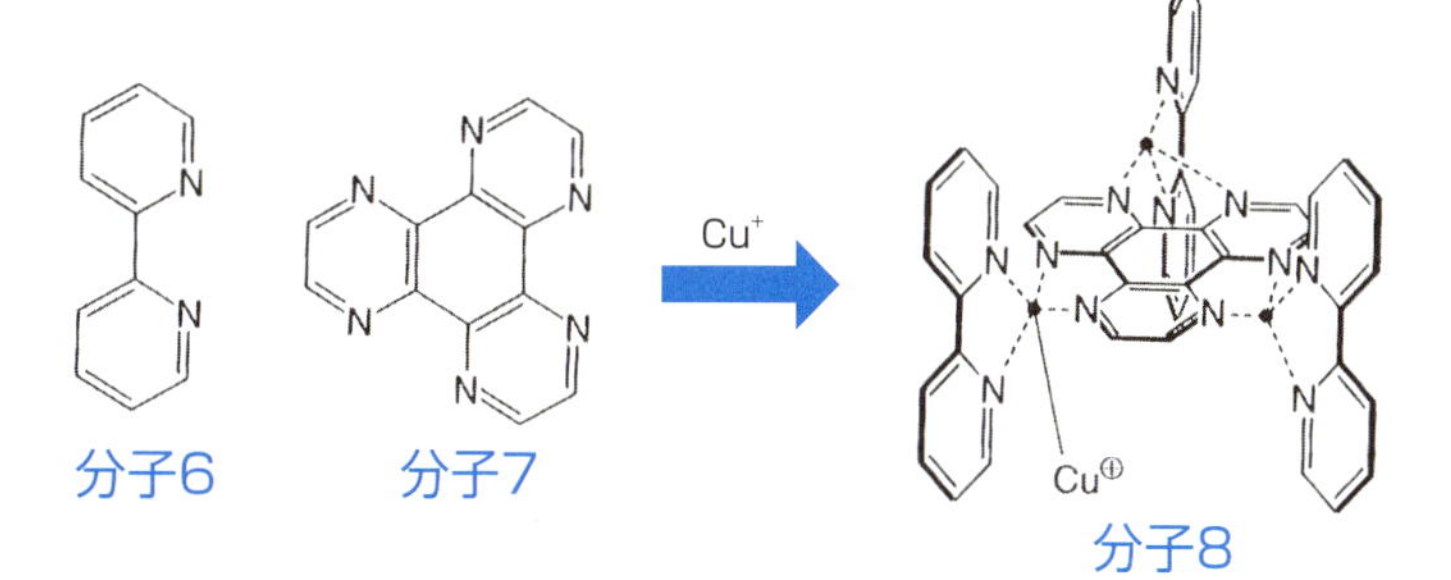

子6をたくさん結合した分子を作ればいくらでも高く積み増していくことができます。もちろん、各棚の棚板の上には他の分子を載せる(内包する)ことができます。

●棚型の構造

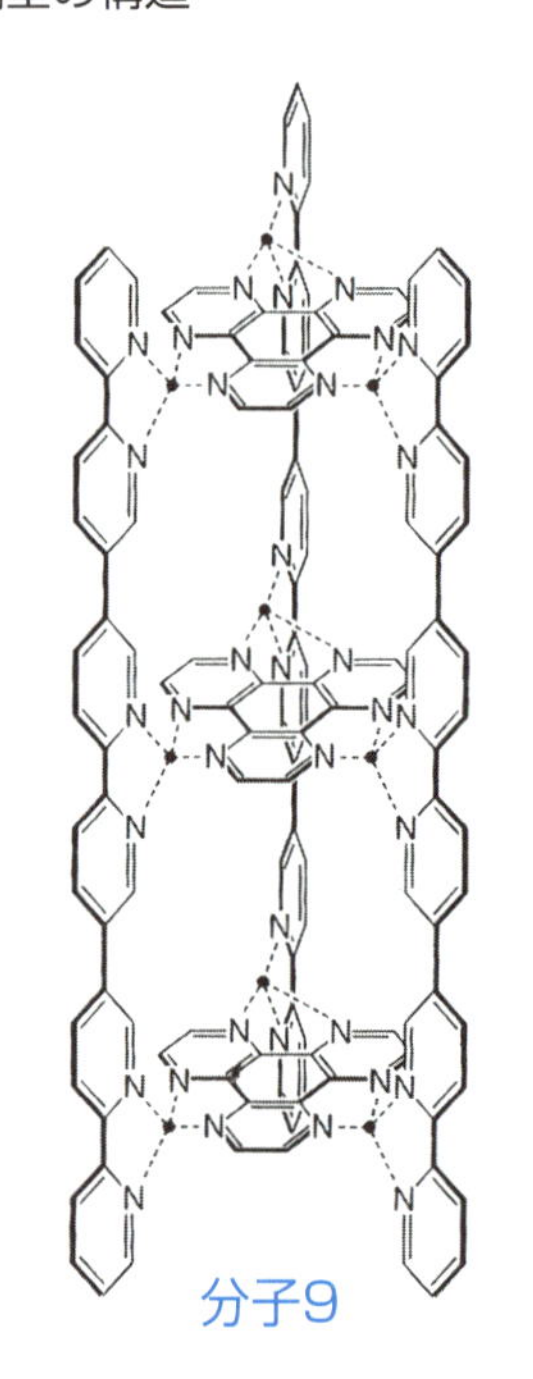


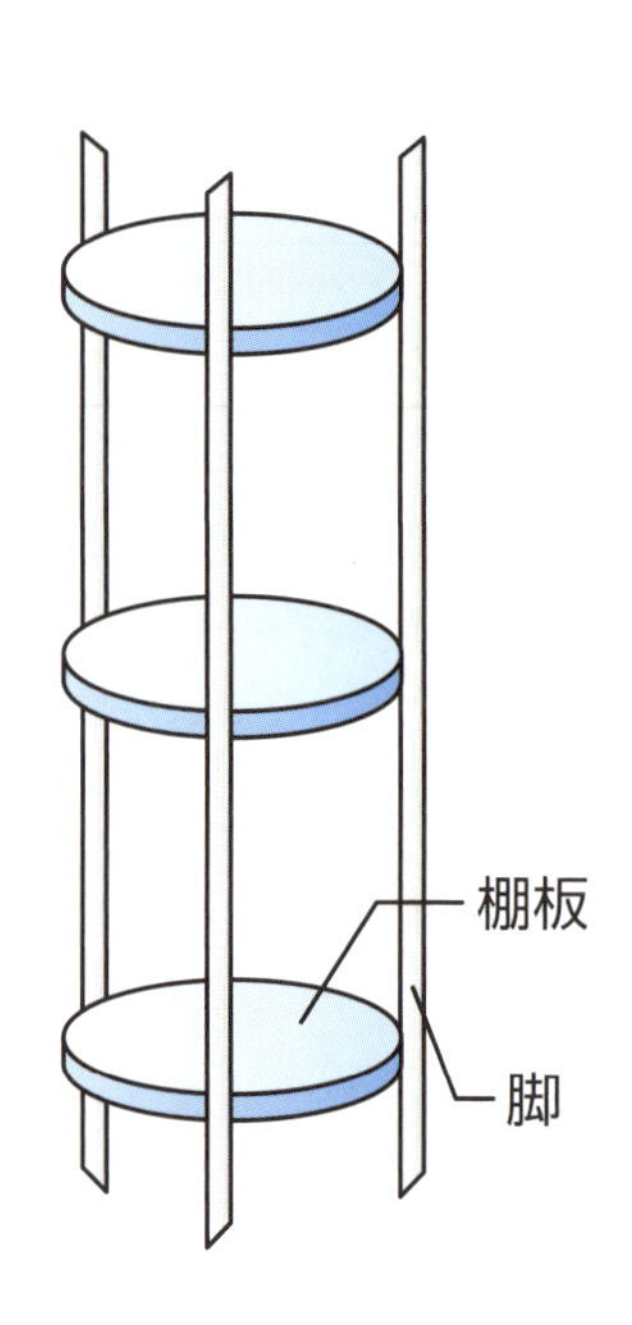

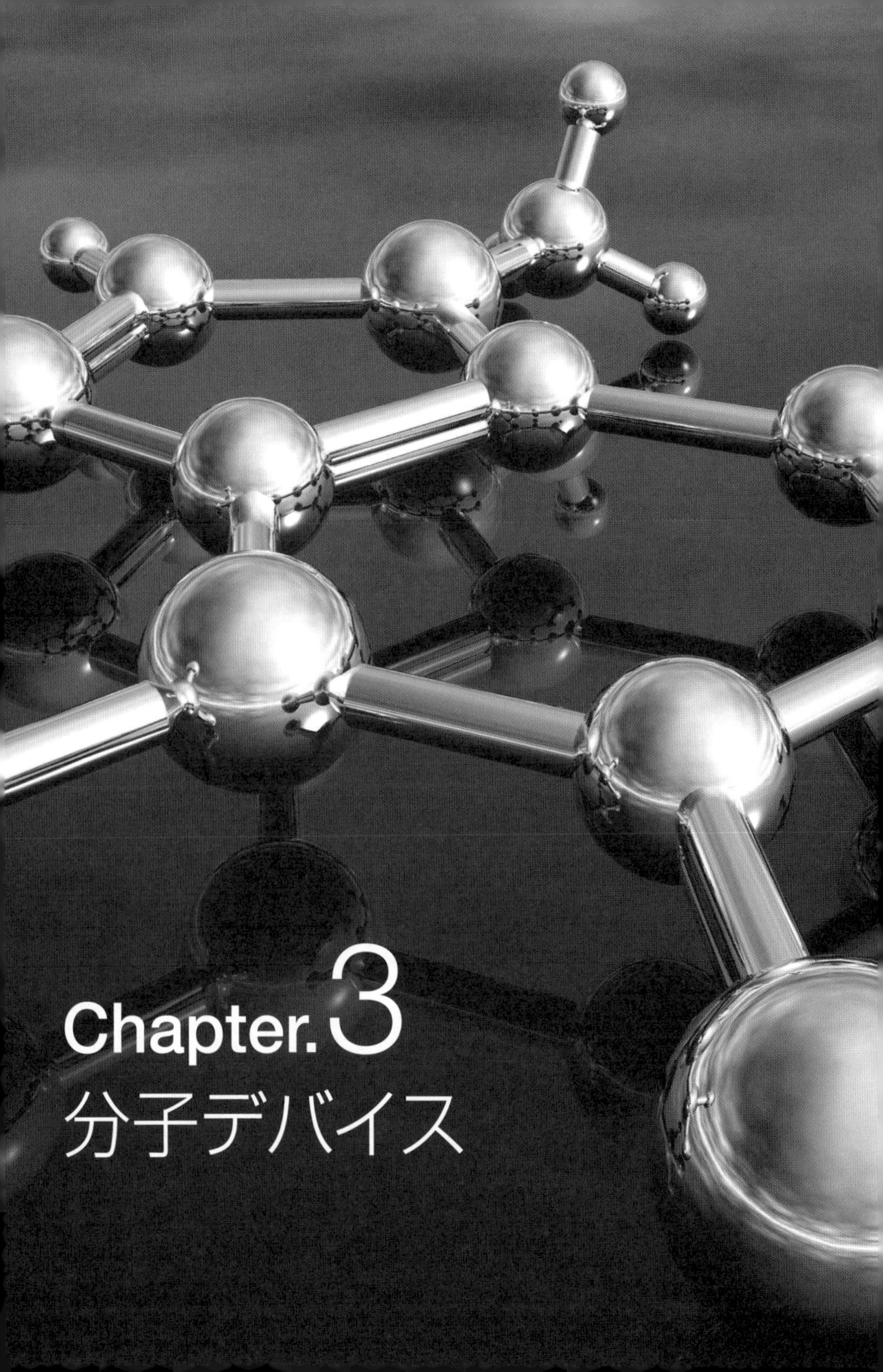

# Chapter. 3
# 分子デバイス

# 分子ワイヤー

使い慣れた言葉ですが、デバイスとは何でしょうか？　辞書によればデバイスの本来の意味は「道具」「意匠」等のことを指します。

私たちがデバイスと言う場合の多くは「電子デバイス」の意味で使っているのではないでしょうか。この場合の「電子デバイス」は、日本語で「電子素子」と訳されます。つまり、デバイスというのは電子、電気回路における特定の「作用素子」と考えられているようです。

そこで、このような電子素子としてどのようなものがあるかというと、日進月歩で進歩する電子電気技術に正比例するかのように、電子素子の定義、種類も拡大を続けています。

ここでは、そのような電子素子と超分子の関係を見てみようと思います。

## 電気・電流とは？

電気で基本的に大切なのは電気の流れ、電流でしょう。電気関係で基本になる量は電流Iと電圧Vのようです。電流Iは単位時間に単位面積を流れる電気の量であり、電圧Vは電流の流れる速度と考えられるようです。それはともかく、電流とは何でしょうか？　本書でここまでに見てきた事象は、ほとんど全ては物質によって裏打ちされていました。

化学では簡単に「電流は電子$e^-$の流れ」と言います。電子とは－1価の電荷を持った粒子であり、固有の質量を持って実在することが証明されている物質です。

電流はこの電子の流れなのです。ただし、定義として、電子がある地点AからBに移動したら、電流は反対にBからAに流れたと定義します。これは電子の電荷がマイナスだからと言う説もありますが、はっきりはしません。

●電流

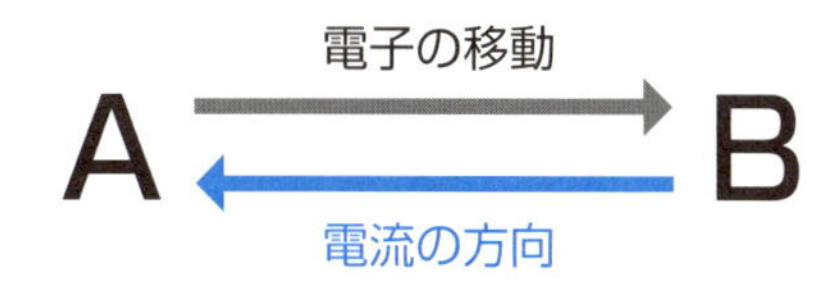

## 電子と正孔

それに対して電気、電子関係では電流は、正孔$h^+$の流れと言います。正孔$h^+$とは何でしょうか？　関係した書物によれば、正孔とは、電気的に中性な所に適当なエネルギーが照射されると、「電子$e^-$と共に発生するもの」とされています。つまり正孔$h^+$は物質ではないのです。当然、実在はしません。これを想定した科学者の頭の中にしか存在しない幻です。

ここでそのようなことを言っても始まりません。本書は化学者である私が書いた内容ですので、電流は電子$e^-$の流れとして進めて行くことにしましょう。

## 分子ワイヤーの条件

一般にワイヤーは針金のことですが、「分子ワイヤー」という場合には、有機分子、もしくはその超分子からできた伝導体（導線）のことを言います。

化学的な見地から見た電流は電子の流れ、移動であると言いました。ある物質の中を電子が移動できれば、その物質は伝導体（良導体）であり、電子が移動できなければ絶縁体であり、その中間が半導体ということになります。

金属が良導体なのは、Chapter.1で見た金属結合のおかげです。金属結合は、各金属原子から放出されて、この自由電子が移動して電流になるのです。自由に動き回ることのできる自由電子によるものなのです。

それでは、分子ワイヤーが電流を流す「電子を移動させる」とはどういうことを言うのでしょうか？　それには次の2つの意味があります。

❶ **移動できる電子がある**

❷ **移動できる流路がある**

● 一重結合と共役二重結合

$$-CH_2-CH_2-CH_2-CH_2-$$

一重結合
（伝導性なし）

$$-CH=CH-CH=CH-$$

π電子　π電子

共役二重結合
（伝導性の可能性あり）

## 電子の移動する道

わかりやすいのは❷です。有機分子の構造には一重結合と二重結合があります。一重結合を構成する2個の電子は、結合するのに精いっぱいで、遊んでいる余裕はありません。それに対して二重結合を構成する4個の電子は多少の余裕があり、特にπ(パイ)電子と呼ばれる2個の電子は自由を楽しんでいます。

一重結合と二重結合が交互に並んだ結合を特に共役二重結合と言います。共役二重結合にはπ電子がたくさんあり、電子が移動しやすい結合として知られています。

しかし、このπ電子も自由に移動するためには、道が平坦でなければなりません。道が途中でひっ

●分子ワイヤー

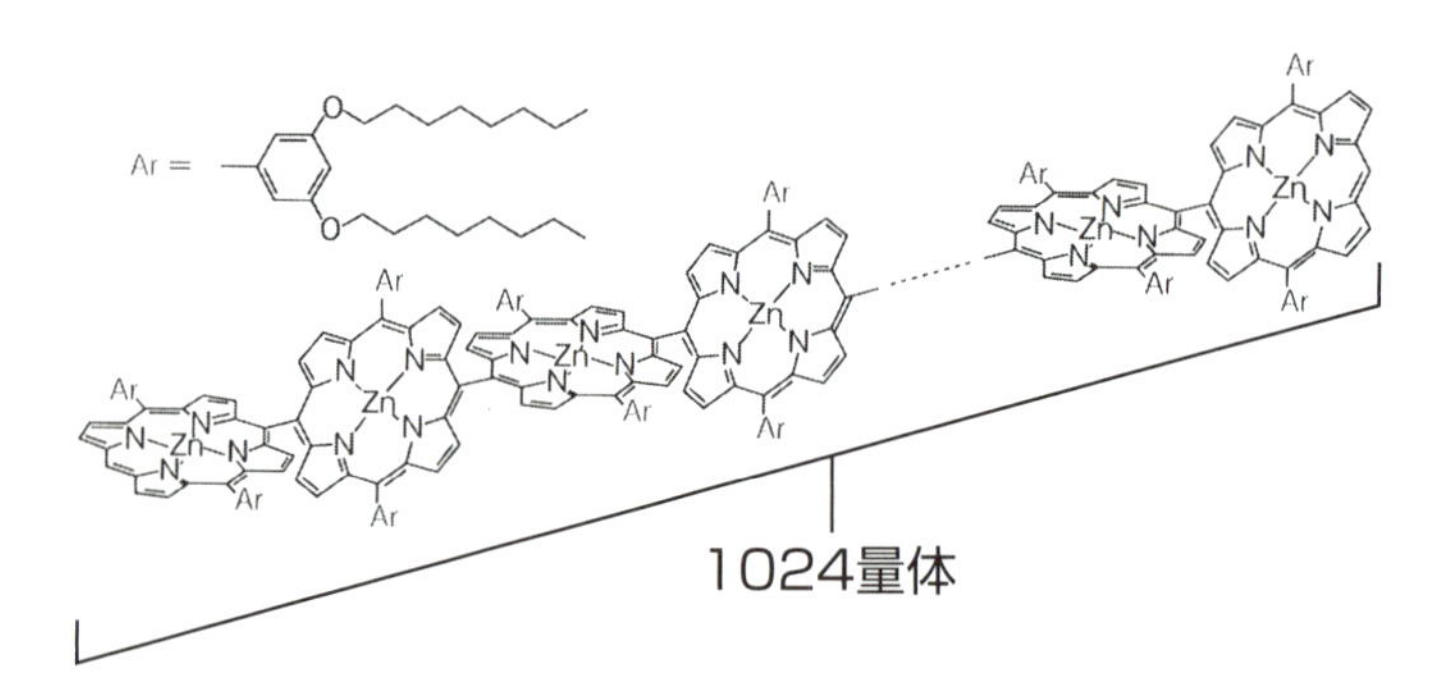


※分子ワイヤー． N. Arayani, A. Takagi, Y. Yanagawa, T. Matsumoto, T. Kawai, Z. S. Yoon, D. Kim, A. Osuka, Chem. Eur. J , 11, 3389(2005)をもとに作成

くり返っていたのでは通行できません。図はヘモグロビンや葉緑素の中心分子であるポルフィリンという単位分子を1000個以上も連結した分子ワイヤーです。

しかし、図からわかる通り、分子は互いに90度ねじれあっています。そのため、この分子は通常の条件では電流を流すことはできません。つまり絶縁体なのです。しかし、光を照射するなどしてエネルギーを与えると、分子のねじれは解消され、良導体の分子ワイヤーとなることが知られています。

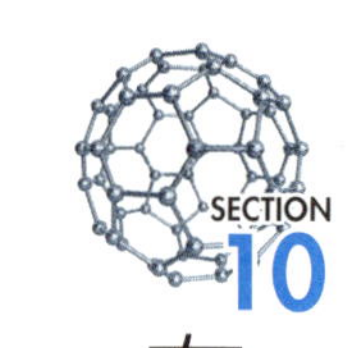


# 有機超伝導体

一般に金属の伝導度は温度が低下するにつれて増大します。金属の中には絶対温度数度という極低温にすると伝導度が無限大、すなわち電気抵抗が0になるものがあります。このような状態を超伝導状態、その温度を臨界温度と言います。

超伝導状態ではジュール熱が発生しないので、コイルに大電流を流すことができます。つまり非常に強力な電磁石を作ることができ、このような電磁石を特に超伝導磁石と言います。超伝導磁石は脳の断層写真を撮るMRIやリニア新幹線で車体を浮かせることなどに利用されています。

●超伝導状態

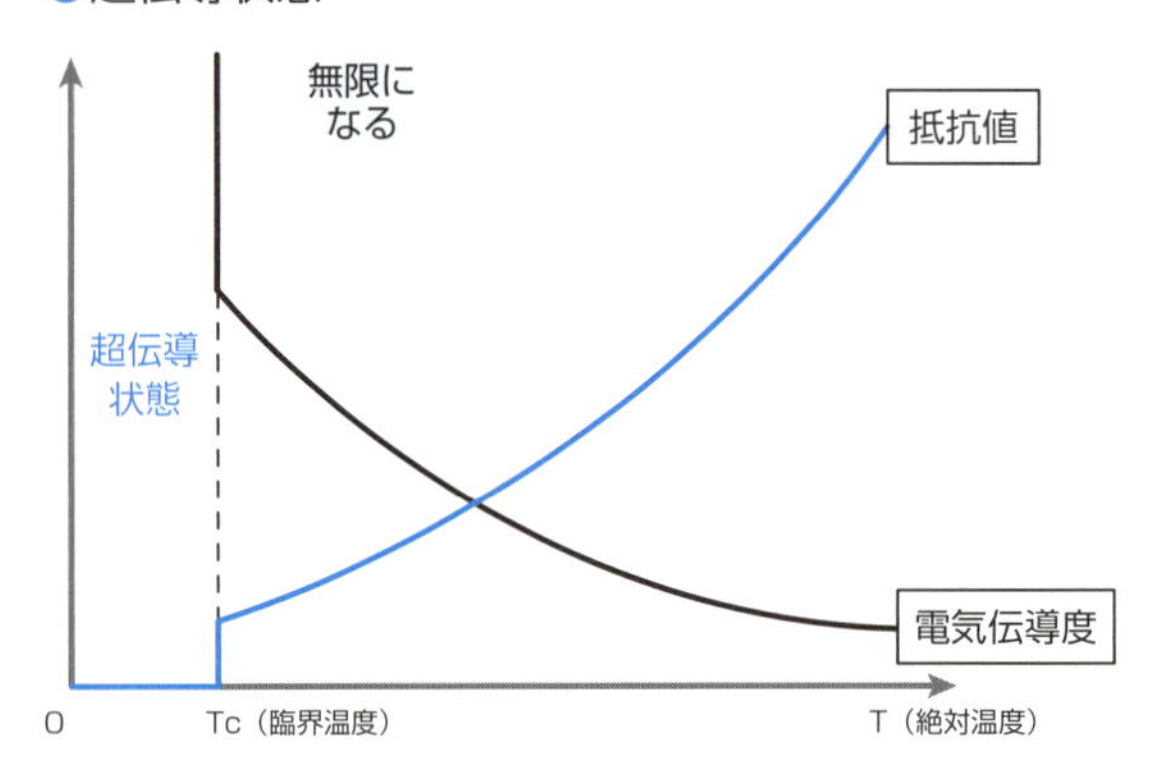

## 電荷移動錯体

超伝導体を有機物で作る。これが有機超伝導体のコンセプトです。しかし伝導性高分子のような例外を除けば、多くの有機物は電流を流さない絶縁体です。その様な有機物で、電流を無限に流す超伝導体などできるのでしょうか？

分子の中には電子を放出しやすい電子供与体（D：Donor）と呼ばれるものと、電子を受け入れやすい電子受容体（A：Acceptor）があります。この2種類の分子を一緒にするとDからAに電子が移動し、$D^+$と$A^-$のペアができます。このようなペアを電荷移動錯体と言い、超分子の一種と見ることができます。

DやAの分子としては多くの物が知られていますが、有名なものとして、DとしてテトラチアフルバレンTTF、Aとしてテトラシアノキノジメタンテトラシアノキノジメタン TCNQがあります。

●電荷移動錯体

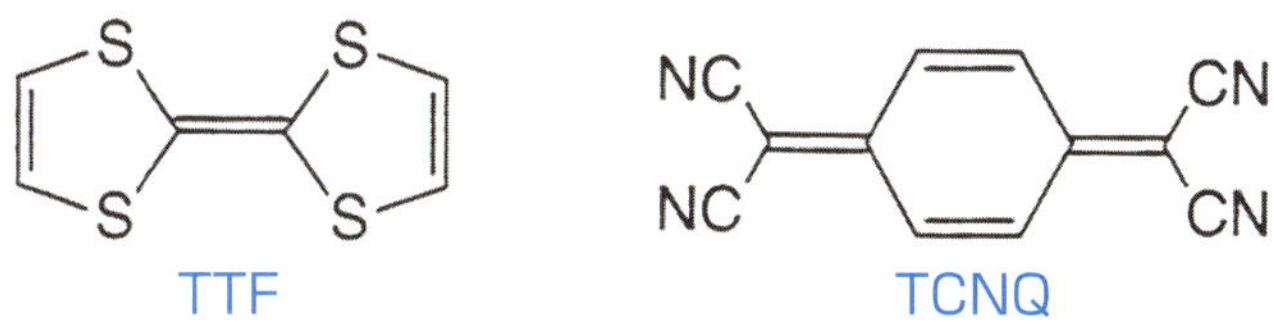

TTF

TCNQ

## パイエルス転移

ＴＴＦとＴＣＮＱの電荷移動錯体を結晶にすると、図のような結晶になります。すなわち、ＴＴＦはＴＴＦだけで並び、ＴＣＮＱはＴＣＮＱだけで並びます。このような結晶構造を分離積層型と言い、この結晶構造を持つ電荷移動錯体は、伝導性を持つことが知られています。ＴＴＦ－ＴＣＮＱ錯体も伝導性を持っていました。

●電荷移動錯体の結晶

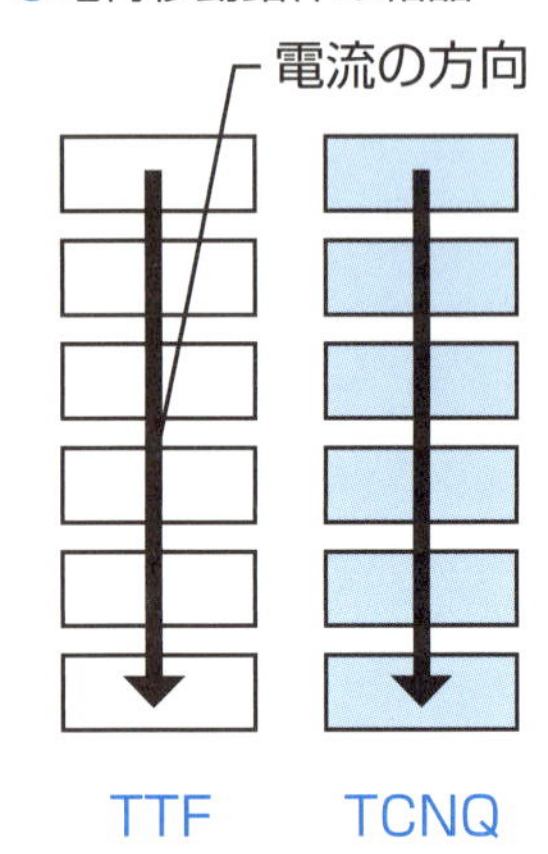


●伝導度のグラフ

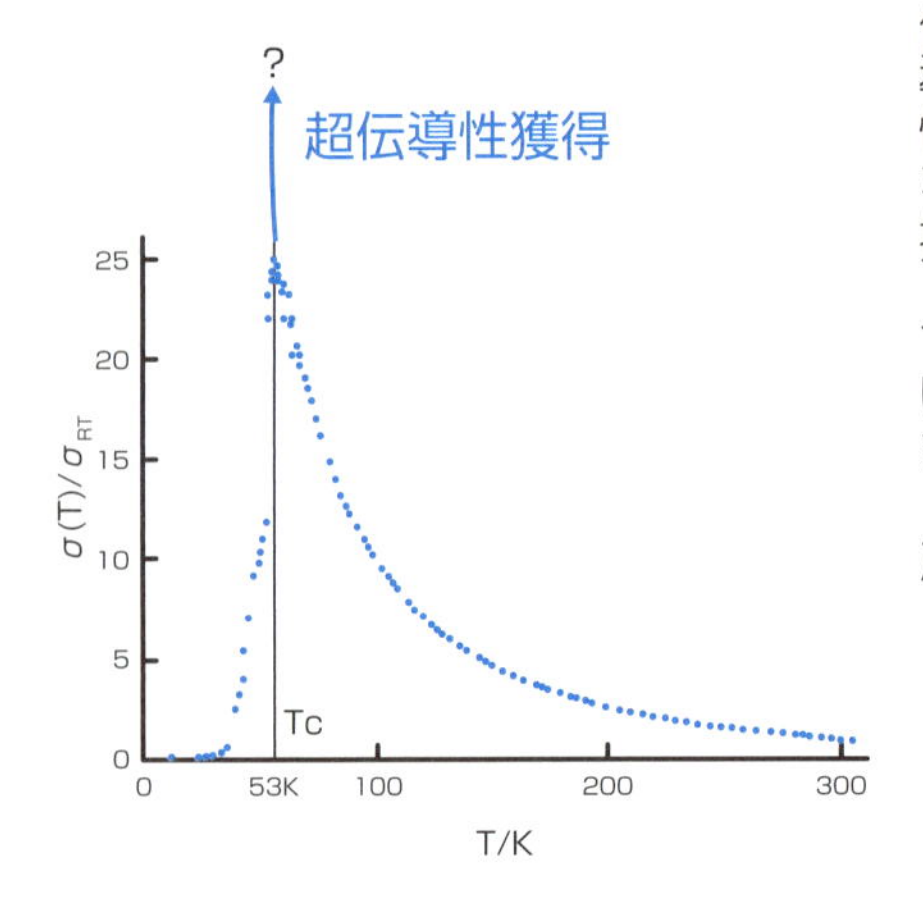

そこで、この結晶の温度を下げながら、伝導度を測定しました。その結果をグラフに示しました。温度が下がるにつれて伝導度は順調に上昇しています。ところが、そろそろ超伝導性が現われるかと言う時に、突如、伝導度が0に下がったのです。このような現象を、発見者の名前を取ってパイエルス転移と呼びます。

## 超伝導性発現

実はパイエルス転移は既に知られている現象でした。それは一次元導体、すなわち線上の導体を電流が流れる時には必然的に起こる現象だったのです。

この現象を回避するためには、導体の次元を上げる以外ありません。それは先の分離積層型結晶構造ではいけないということです。解決策として考えられたのが、導体間に二次元を超えた相互関係を持たせるということでした。

つまりA同士、D同士の間で、上下関係だけでなく前後左右の関係を持たせると言うことです。このために考え出されたのがA、B分子に大きい原子を導入すると言うことです。大きい原子は大きい電子雲を持ち、互いに接触する機会が増えます。

　このような考えで開発されたのがＢＥＴＤ－ＴＴＦという電子供与体、あるいはＢＴＤＡという電子受容体でした。さらに、$C_{60}$フラーレン誘導体も研究されました。

　この結果、多くの有機超伝導体が実現、完成されました。それらの有機超伝導体は、実際の応用の場で実力を発揮できる日が来るのを待っています。

●BETD−TTFとBTDA

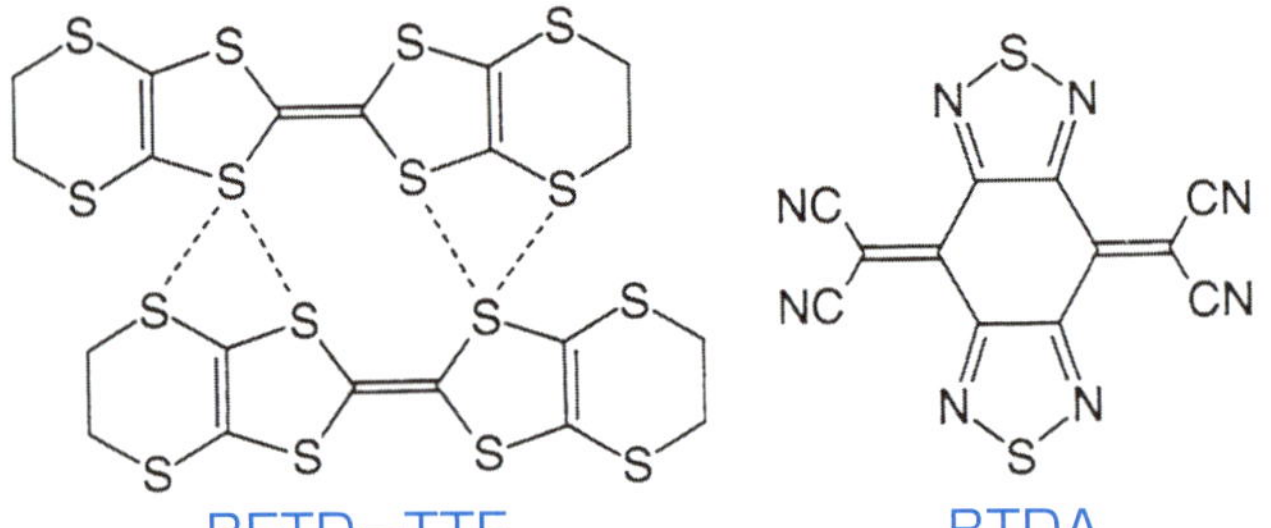

BETD−TTF

BTDA

# 分子半導体

現代科学はＩＴ、情報技術に支えてもらっている状態と言ってよいのではないでしょうか。そのＩＴを支えているのは磁性物質と半導体です。そのため、半導体という言葉は「万能の魔力」のように響きますが、実際には「金属と絶縁体の中間の伝導度を持つ物質」という意味に過ぎません。

## 半導体の種類

半導体の性質を持つ純粋物質（元素）として発見されたのがケイ素（シリコン）SiやゲルマニウムGeであり、これらは特に元素半導体、あるいは真正半導体などと呼ばれます。真正半導体は周期表の14族にあります。これは伝導性に関与する電子の個数が４個ということを意味します。

しかし、真正半導体は進んだIT技術に対応することはできませんでした。その1つは伝導度が低すぎたことです。そこで、真正半導体にいろいろの微量物質(不純物)を混ぜて性質を改良することが検討されました。このような半導体を不純物半導体と言います。

不純物半導体は2種類に分けることができます。1つは周期表の13族元素、つまりホウ素Bなどを混ぜたものです。13族は伝導性に関与する電子が3個しかありません。つまり真正半導体より電子が1個少ないのです。そこで陽性、positiveという意味でp型半導体と言います。

もう一種類はリンPなどの15族元素を混ぜたものです。これは真正半導体より電子が1個多いのでnegative、すなわち、n型半導体と呼ばれます。

## 太陽電池

現在、化合物半導体は身の回りでたくさん使われています。それは太陽電池です。太陽電池の原理は結構複雑ですが、構造はこれ以上無いほど単純明瞭です。

それは図のような物です。つまり、極限まで薄くした金属をガラスに接着(真空蒸着)した透明電極(負極)、同じく非常に薄くて光を通すn型半導体、適当な厚さのp型半導体、それと金属電極(正極)、この4層を重ねただけのものです。

両半導体の重ね目をpn接合面と言います。太陽電池の命に相当する部分です。2枚の電極からは発電された電力を引き出すための導線が出ています。一切の可動部はありません。4層重ねのガラス板のようなものです。

太陽光は透明な透明電極と薄いn型半導体を通ってpn接合面に到達します。すると、この太陽光のエネルギーを吸収

## ●太陽電池の原理

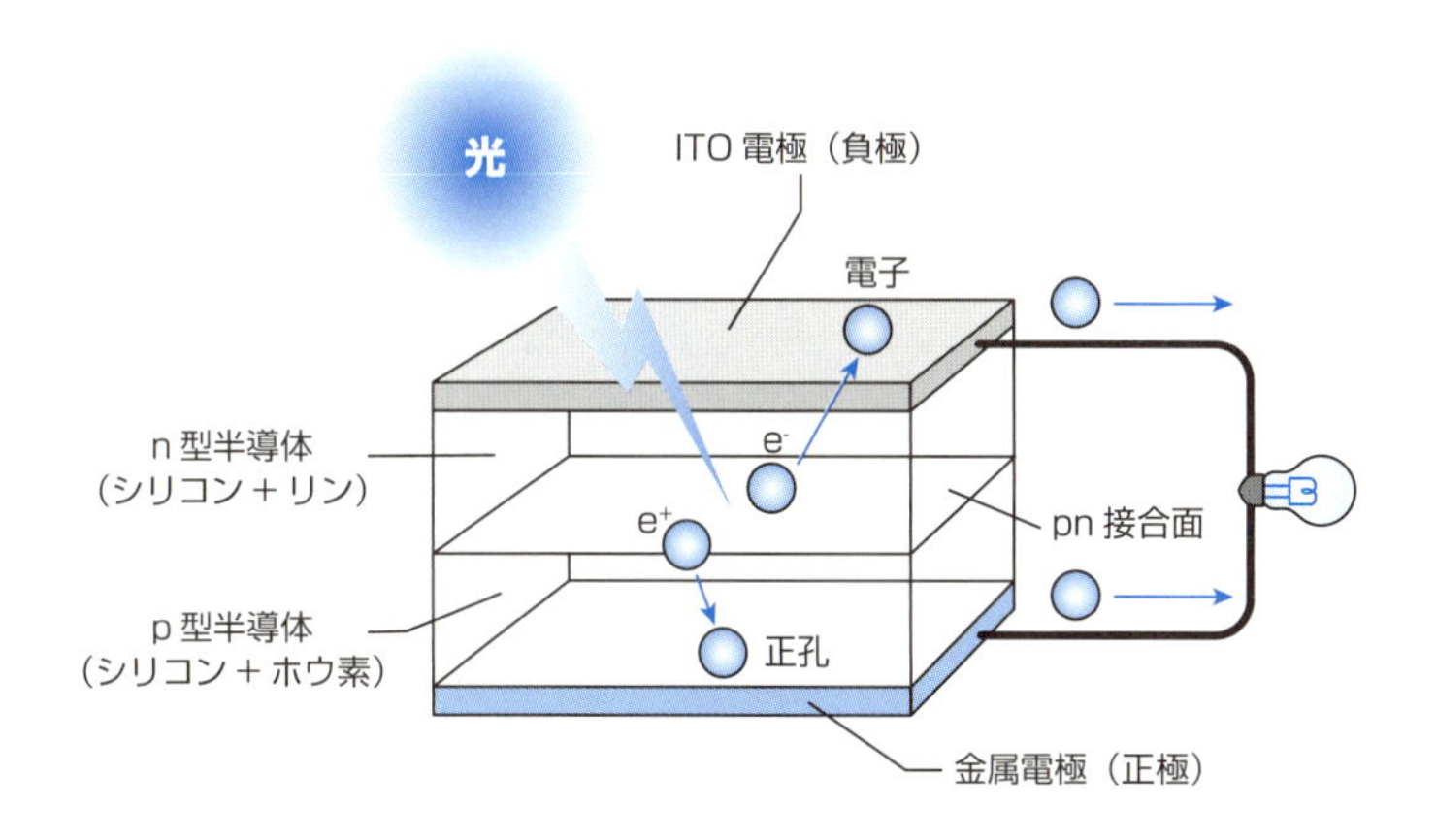

して電子$e^-$と正孔$h^+$が発生します。それぞれは負極と正極に導かれ、外部回路を通って電流になるのです。

## 有機半導体

太陽電池には多くの種類がありますが、現在のところ、一般家庭で使われるものは全てがシリコンを基本とした不純物半導体を用いたシリコン太陽電池です。

その理由は、歴史が古く、発電効率（変換効率）が17％程度と、そこそこの成績を持っているからです。しかし、価格が高い、色が黒に限られている、硬くて柔軟性が無い等の欠点もあります。

そこで登場したのが有機物の半導体を用いた有機太陽電池です。有機太陽電池には2種類ありますが、そのうち有機薄膜太陽電池は構造が単純、製造が容易、カラフル、柔軟などシリコン太陽電池に無い優れた特徴を持ちます。価格はまだ高価ですが、量産化されたら安価になるでしょう。

それでは有機半導体とはどのようなものでしょうか？　フラーレン誘導体やカーボ

ンナノチューブは新しい化合物と言えるかもしれませんが、他の分子は少なくとも化学者にはおなじみの分子です。これまで、これらの化合物の半導体としての性質に気付かなかっただけの話です。

化学界には、このように優れた性質を持ちながら、それをアピールできていない分子、物質がたくさんあります。それらを発掘してスポットライトの下で活躍させるのも超分子化学の役割かもしれません。

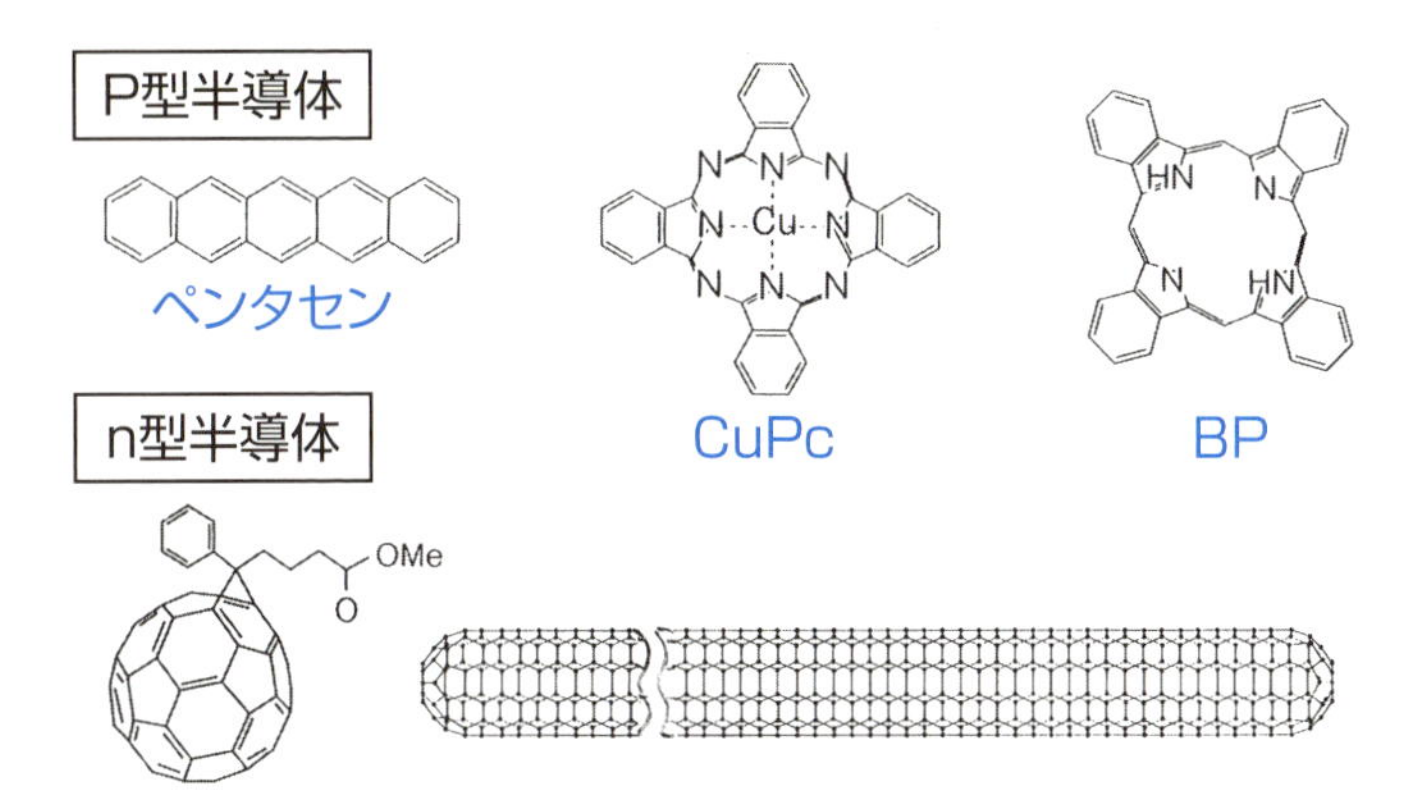

# 分子スイッチ

電気回路にスイッチは必需品です。スイッチを入れて機器を動かし、スイッチを切って機器を止めるのは日常の動作です。しかし、現代の電子機器におけるスイッチの役割はその様なものではありません。コンピューターの計算は2進法です。これはスイッチのオン・オフによって行います。液晶モニターでは、液晶分子の向きを90度変換することで光の点滅を行います。分子の向きを変えるのは電気です。つまりスイッチのオン・オフなのです。このように高速スイッチは現代電子素子の心臓部になっています。超分子はこのようなスイッチとしても活躍しています。

## 電子移動のスイッチ

スイッチの基本は電流の移動を制御することです。電流は電子の流れです。したがって、電子が移動できればスイッチオンに相当し、移動できなければオフに相当することになります。先に見たように、電子が分子中を移動するには共役二重結合の存在が必要です。

ということは、共役二重結合を作ればスイッチオンであり、共役二重結合を壊せばスイッチオフということになります。ただしスイッチはオン・オフの切り替えができなければなりません。壊れた共役系は直ちに元に回復されなければなりません。

## 結合の生成消滅によるもの

図はその様な分子スイッチの一例です。分子Aに波長365nmの紫外線を照射すると光転移反応を起こしてBになります。そしてBに波長600nmの可視

●分子スイッチの例

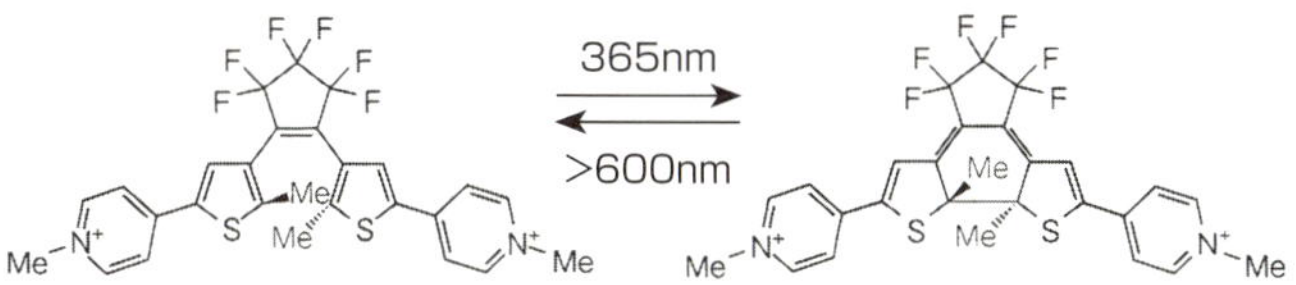


スイッチオン
分子A

スイッチオフ
分子B

光線を照射するとAに戻ります。

AとBの違いは結合の有無です。Aの中央部を見ると、2個の置換基メチル基Me($CH_3$)の付け根の炭素は結合していません。離れています。それに対してBでは結合しています。この違いは分子の立体構造、すなわち、ねじれに響いてきます。つまり、Aでは2個のメチル基の立体反発によって分子の左側と右側が同一平面に乗ることができません。SECTION.09で見たように、共役二重結合が電子移動に対して有効であるためには、共役二重結合全体が同一平面上に乗っていなければなりません。つまり、Aでは電気回路は、この分子の中央で切断されているのです。スイッチオフの状態です。

それに対してBでは、分子中央に結合ができたおかげで、この部分が6員環になり、平面になっています。つまり、共役二重結合が連結したのです。スイッチオンの状態です。

## 分子のねじれによるもの

先の例は分子のねじれを結合の有無によって制御したものですが、別の力で制御した例もあります。

置換基には電子を取り込んで－に荷電するものと、電子を放出して＋に荷電するものがあります。アミノ基$NH_2$は後者であり、ニトロ基$NO_2$は前者です。図の分子Cはベンゼン環の向かい合う位置にこの2個の置換基が着いています。この結果、Cは$NH_2$側が－、$NO_2$側が＋に荷電することになります。

CをⅠのような電場に入れたら、分子は図の方向に向きますが、電場の向きを逆にしてⅡにしたら分子も逆を向きます。すなわち、電場の向きを変えることによって分子の方向を制御できることになるのです。

●分子スイッチの制御

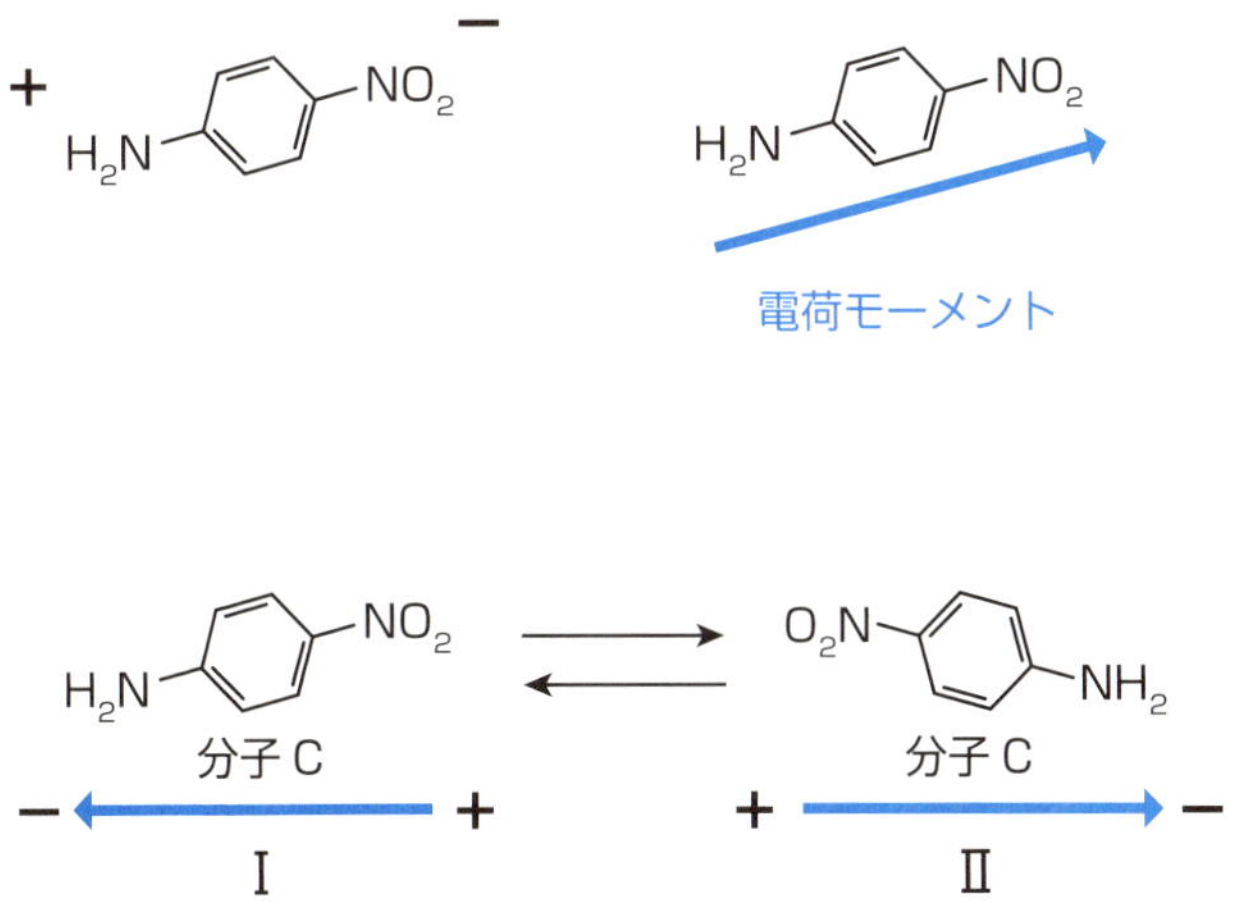

＋ $H_2N$ $NO_2$ －

$H_2N$ $NO_2$

電荷モーメント

$H_2N$ $NO_2$ ⇄ $O_2N$ $NH_2$

分子C　　分子C

－ ＋　　＋ －

Ⅰ　　Ⅱ

分子Dは2個のベンゼン環の間に分子Cを挿入したものです。電場の無い状態では3個のベンゼン環は同一平面にあります。つまり、この3個の環は共役二重結合を形成し、電子の流れる状態です。すなわちスイッチオンです。しかし電場をかけると、中央の環だけが向きを変えます。すると3環の間の平面性は無くなり、共役二重結合は破壊されます。つまりスイッチオフになるのです。

●ねじれによる分子スイッチの例

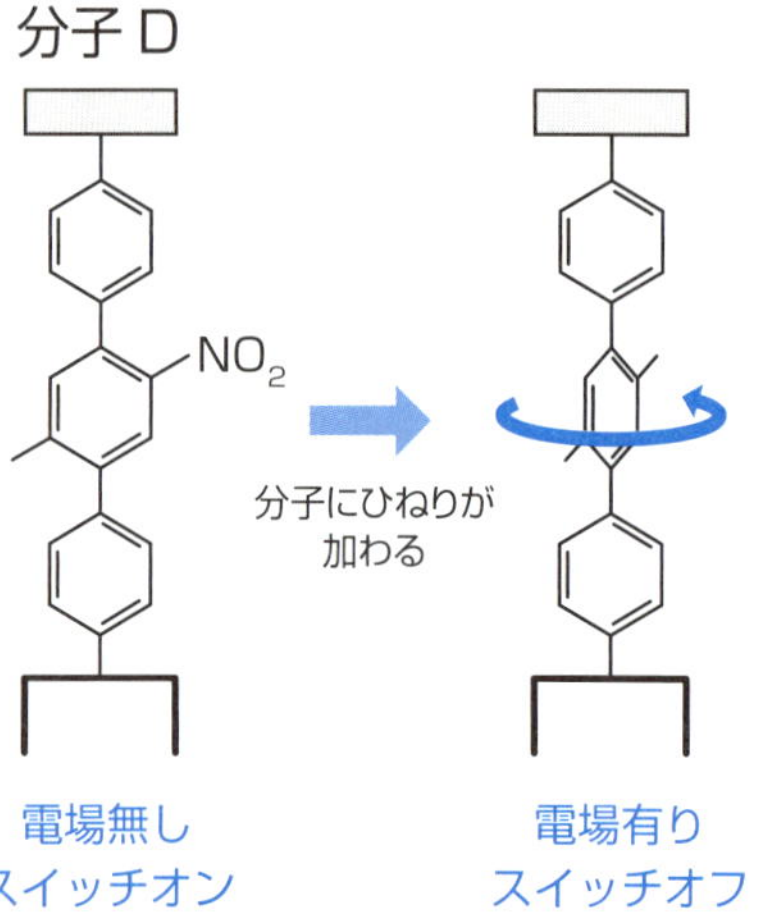

## ロタキサンを用いるもの

ロタキサンの環は動かすことができます。どのようにして動かすかは後に分子シャトルの所で詳しく説明しますが、ここではロタキサンも分子スイッチとして働くことができることを見ておきましょう。

ロタキサンの棒状分子を共役二重結合とし、その両端に着いているストッパーを変えるのです。例えば上方のストッパーを置換基X、下方をYとしましょう。すると、環が上方にある場合と下方にある場合では分子の状態が違います。つまり、共役二重結合の伝導性が変化するのです。

電子計算機に応用するならば、環が上にある状態を0、下にある状態を1として上下運動をさせたら、2進法の計算ができることになります。

●ロタキサンを用いる分子スイッチの例

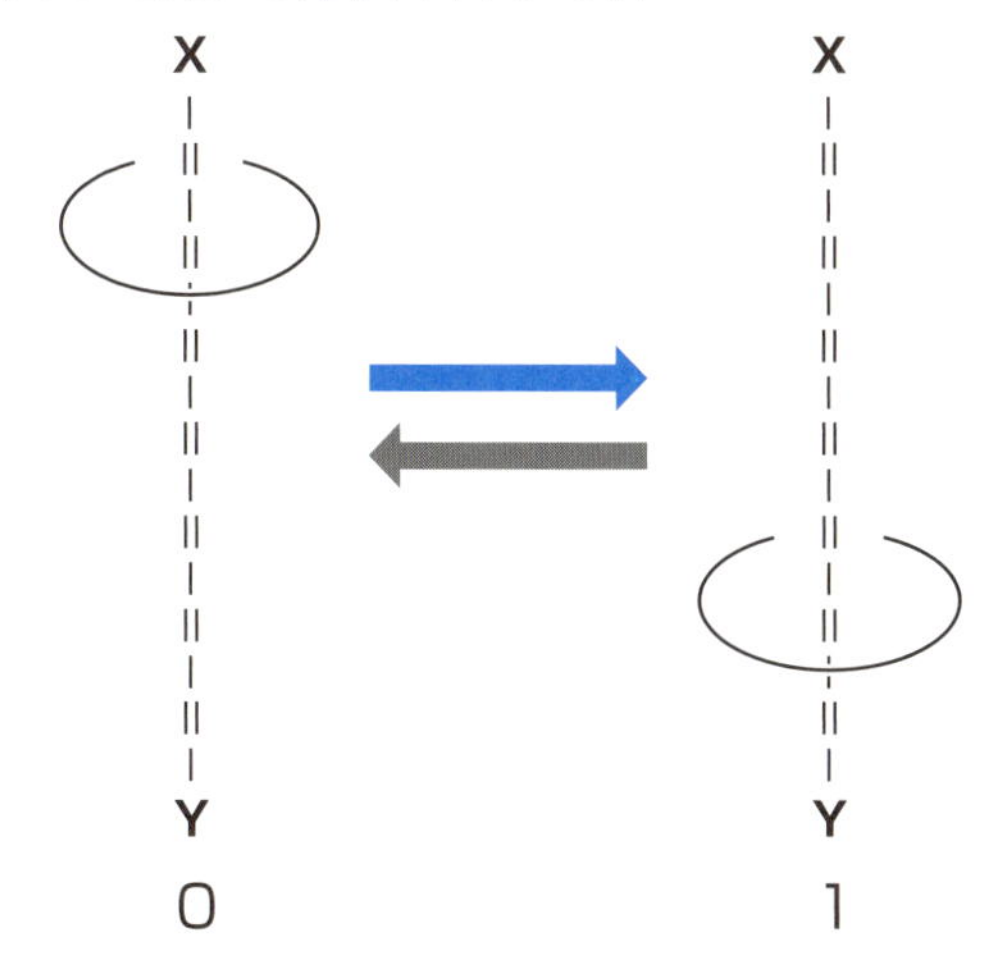

## エネルギー移動のスイッチ

化学は多様です。多くの化学反応式はA→Bで表されます。少々複雑になるとA＋B→Cです。この反応の典型はC＋$O_2$→$CO_2$でしょう。要するに固体の炭（炭素C）が空気中の気体である酸素$O_2$と反応して気体の二酸化炭素（炭酸ガス）$CO_2$になるという反応です。

## 化学反応とエネルギー

小学校で教えられる反応ですが、この反応はそんなに簡単なものでしょうか？　単純に考えても、炭が燃えれば熱くなります。これは熱エネルギーが発生したことを意味します。燃えれば炭は赤く輝きます。これは反応に伴って光エネルギーが発生したことを意味します。

また、「炭」が燃えた後には白い「粉末」の灰が残ります。これは何でしょうか？$CO_2$は気体です。決して「粉末」ではないはずです。

この様に、化学反応にはいろいろの要素が絡みあっています。それを解明するのは本書の目的ではありませんが、化学反応にエネルギーが密接に関係していることはご理解頂けたと思います。

## 分子間のエネルギー移動

現代科学は全ての現象をエネルギーで理解します。電子は固有のエネルギーを持って移動します。電子が持っているエネルギーはその電子が属する分子によって決まります。

単純です。高エネルギー分子の電子は高エネルギーであり、低エネルギー分子の電子は低エネルギーです。エネルギーは分子間を移動することができます。つまり、川の流れと同じように、高エネルギー分子から低エネルギー分子に流れるのです。

●ルテニウム錯体とオスミウム錯体

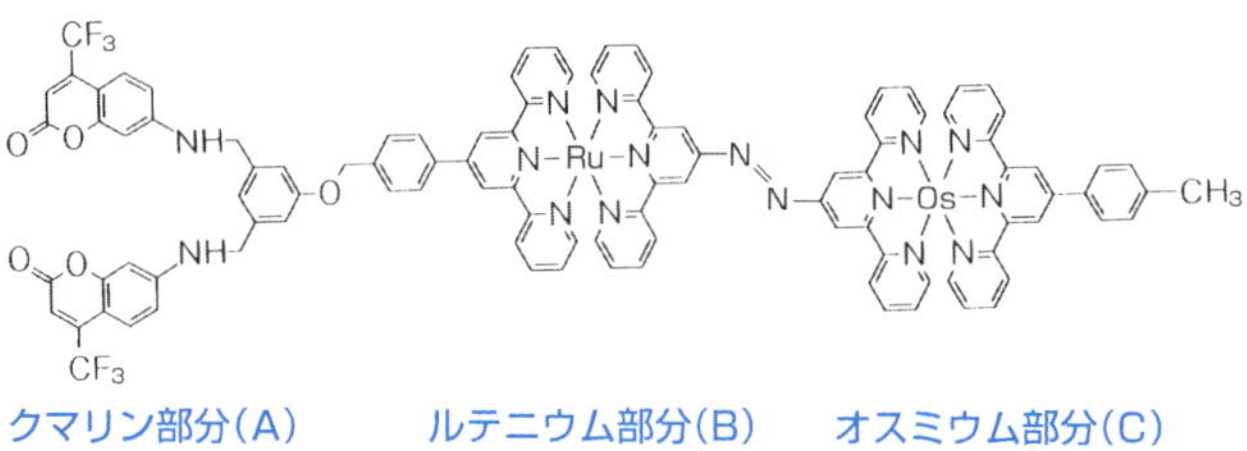

クマリン部分(A)　ルテニウム部分(B)　オスミウム部分(C)

図は2個のクマリン分子部分(A)と、金属のルテニウムを用いたルテニウム錯体部分(B)、それと金属のオスミウムを用いたオスミウム錯体部分(C)からできた複雑な構造の分子です。注意して頂きたいのは、ルテニウム錯体とオスミウム錯体の間に存在するN=N二重結合です。

## エネルギースイッチ

図の分子に光エネルギーを与える(光照射)とクマリン部分Aが光エネルギーを吸収して高エネルギー状態(励起状態)になります。するとこのエネルギー

●エネルギースイッチ

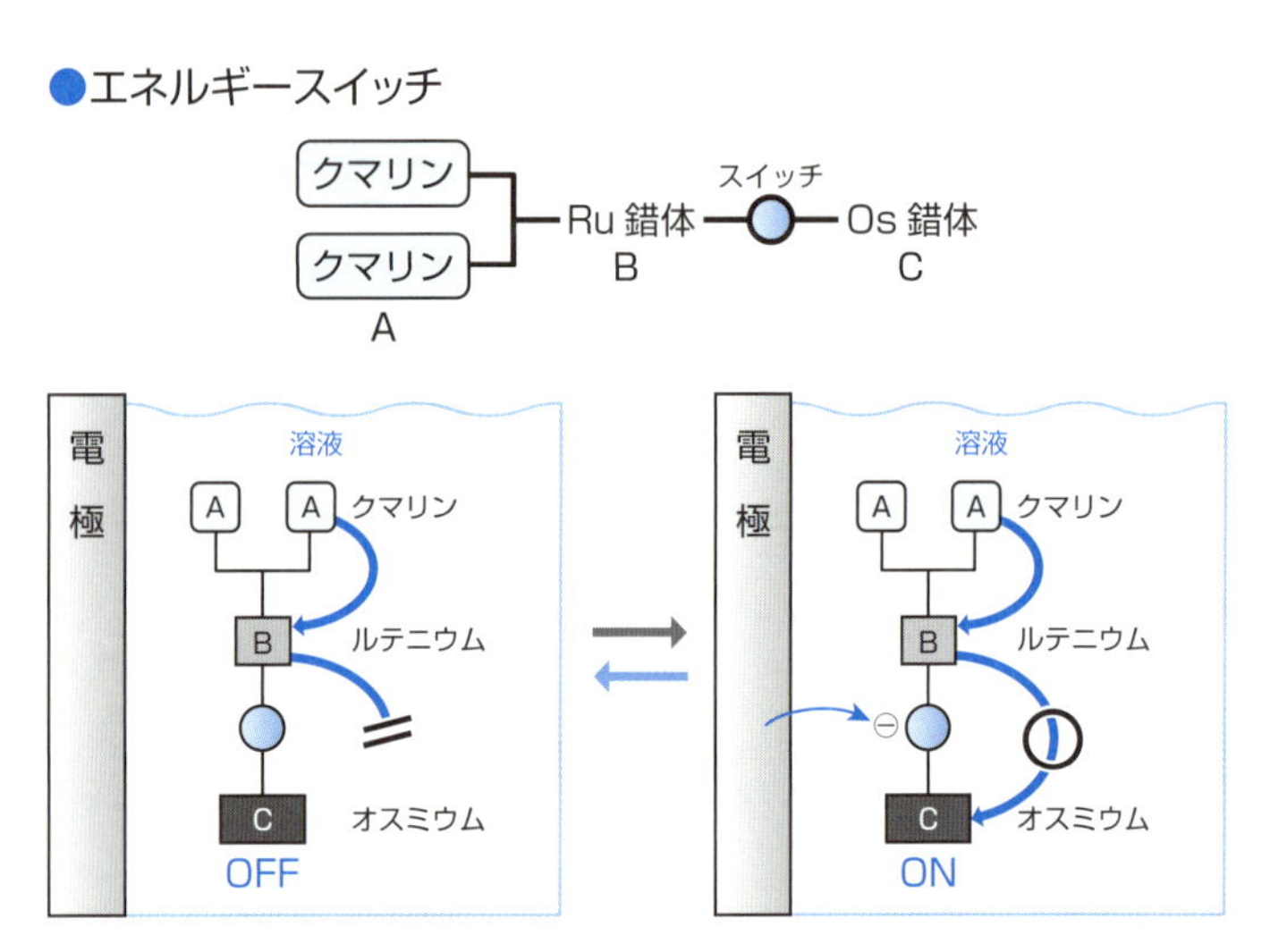

はルテニウム錯体部分Bに移動します。そして最後のオスミウム錯体部分Cがそのエネルギーを受け取って発光するのです。

しかし、ここで待ち受けているのがBとCの間にあるZ=Z二重結合です。この結合は、B部分が高エネルギーになると、その電子を吸収してしまうのです。これでは、せっかくA→Bと受け継がれたエネルギーはCに辿り着くことができません。

そこで予めZ=Z二重結合を還元する、すなわち、陰極につないで電子を与えておくのです。するとZ=Z二重結合はBの電子を吸収することができなくなります。つまり、電子（エネルギー）はA→B→Cと順当に移動することができると言うことになります。

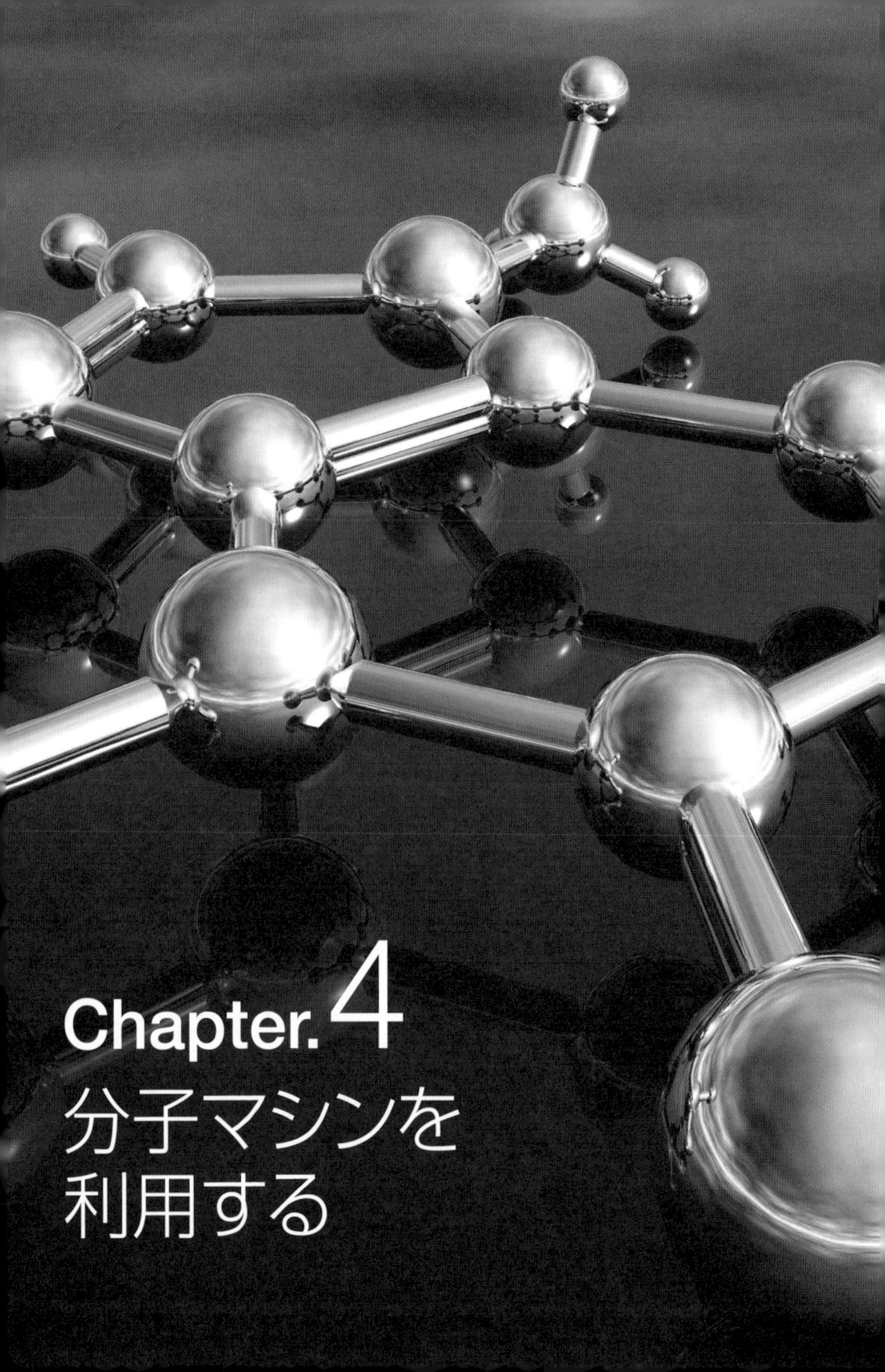

# Chapter. 4 分子マシンを利用する

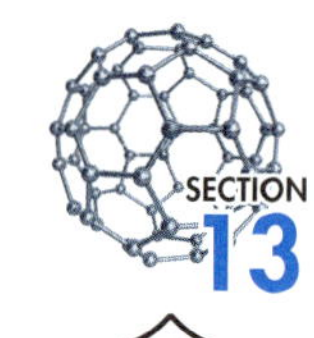


# 金属を捕えるクラウンエーテル

超分子は包摂化合物とも呼ばれます。英語ではホストゲスト化合物と言います。包摂とは包むことの意味で、ホストは主人でゲストは客です。要するにホストがゲストをもてなすように、ある分子が他の分子を優しく包み込むようにしてできた分子です。

このような名前がついたのも、超分子として初めて脚光を浴びたのがクラウンエーテルだったからと言ってよいでしょう。なぜ、クラウンエーテルはホストとかゲストと言う言葉で表されるような挙動をするのでしょうか？

## クラウンエーテルの構造

クラウンエーテルの「クラウン」は王冠、「エーテル」は炭素化合物が酸素原子で繋がった構造を言います。つまりクラウンエーテルは図のような環状のエーテル分子のことを言います。ただし、この構造を立体的に見ると、酸素原子で折れ曲がっているため、まるで王冠のように見えます。そのため、このような名前がついたのです。クラウンエーテルの大きさ(環の直径、酸素原子数)にはいろいろあります。これがこの分子の有用性の大きな原因にもなっています。

この分子で大切なのは、電気陰性度の大きな酸素が結合していることです。そのため、酸素原子が－に荷電し、炭素部分は＋に荷電しているということです。

## クラウンエーテルの金属捕獲作用

クラウンエーテルの最大の機能は、金属イオン$M^{n+}$を取りこむ(包摂)することです。それはクラウ

●クラウンエーテルの構造

立体構造

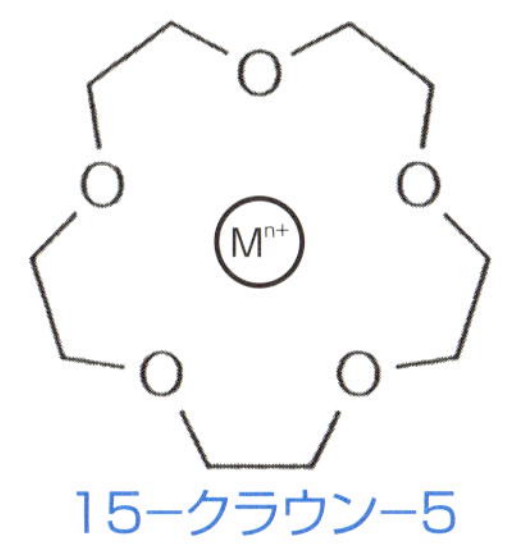


15−クラウン−5

15は全原子数　5は酸素原子数

ンエーテルの－に荷電した酸素原子と、＋に荷電した金属イオン$M^{n+}$の間の静電引力によるものです。

この様子を、金属イオンを招かれたゲスト、クラウンエーテルを招いたホストに例えて、ホストゲスト分子と言ったのが、この名前の始まりだったのです。

金属イオンを溶かした水溶液を考えてみましょう。クラウンエーテルは水に溶けます。この水溶液にクラウンエーテルを加えて撹拌したら、溶液中の金属イオンはクラウンエーテルに捕獲されます。その後でクラウンエーテルを分離したら、水溶液中の金属イオンは全てクラウンエーテルとともに水から除かれます。

## 変形クラウンエーテル

クラウンエーテルは図に示したような一重の環からできたものだけではありません。立体的な双環性のものもあります。一般にクリプタンドと言います。これは、金属イオンをケージに閉じ込めたような形で保持します。一旦捕まった金属イオンは、なかなか抜け出すことはできません。

また尻尾（投げ縄）のついた物もあります。これはラリアートクラウンと呼ばれます。クラウンエーテルが捕まえた金属イオンをこの投げ縄部分でさらに厳重に捕獲すると言う物です。

## クラウンエーテルの金属選択性

クラウンエーテルが金属イオンを包摂する仕方はいろいろあります。エーテル環の大きさが$M^{n+}$に比べて丁度良い時には、1：1で包摂します。しかし、エーテル環が小さい場合には2個のエーテル環が上下からサンドイッチする場合もあります。反対にエーテル環が大きい場合には1個のエーテル環が2個の金属イオンを包摂することもあります。あるいはエーテル環が曲がって金属イオンを包み込むような形になることもあります。

●変形クラウンエーテル

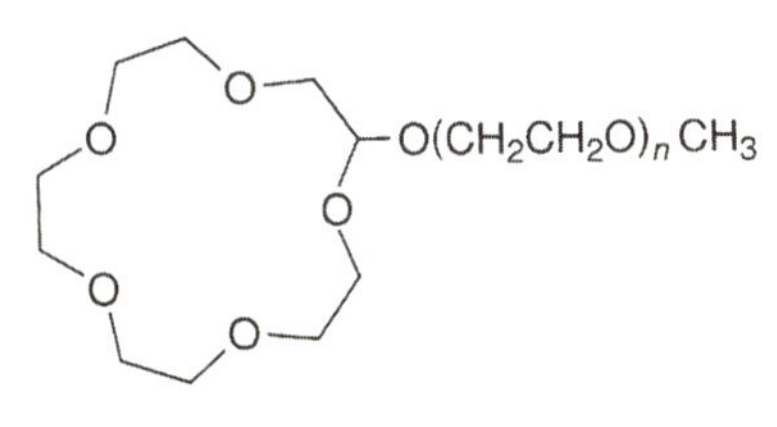

ラリアートクラウン

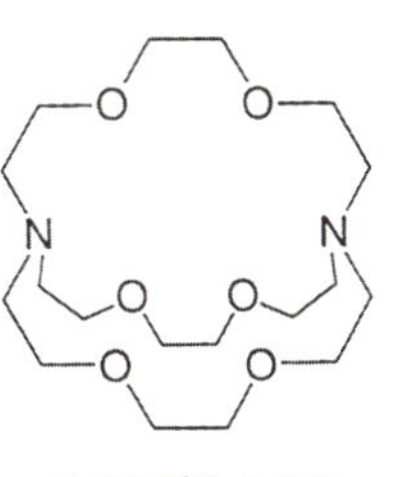

クリプタンド

金属イオンには、ナトリウムイオン$Na^+$のように小さいものもあれば、ウランイオン$U^{6+}$のように大きいものもあります。このような場合、最適サイズのクラウンエーテルを用いることによって、特定の金属イオンを選択的に捕獲回収することができます。

石油と同じようにウランにも可採年数があります。それによるとウランの可採年数は100年ほどです。石油の30年よりは長いですが石炭の120年よりは短いのです。ウランは海水にも溶けています。鉱山からの採掘が困難になったら海水からの採取を検討する必要があるかもしれません。そのときにはクラウンエーテルが大きな力になってくれることでしょう。

●クラウンエーテルの金属選択性

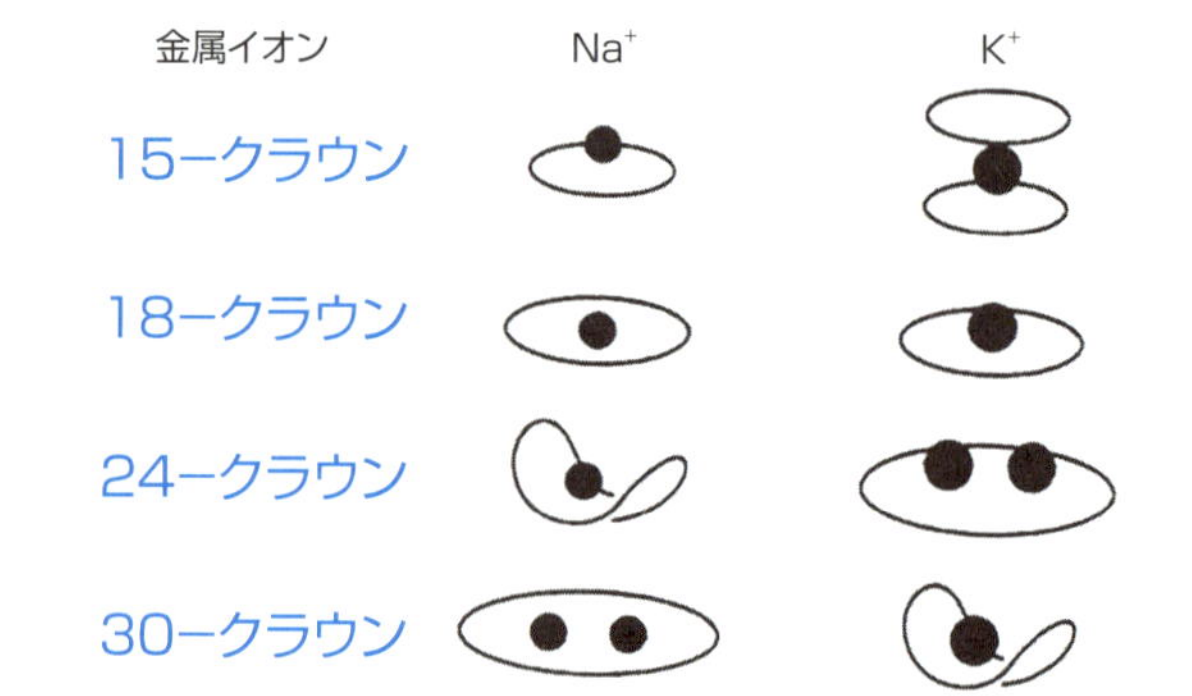

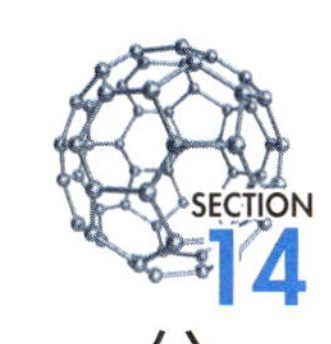


# 分子を包み込む分子カプセル

クラウンエーテルは一重の環状化合物であり、分子(金属イオン)を捕えるにしても、細い縄で縛るようなイメージです。ところが、分子をまるで籠か箱の中に入れるように、すっぽりと包み込んでしまう分子もあります。その様なものには、Chapter.2で見たギフトボックス分子や棚型分子もありますが、より有名なものとしてシクロファンとシクロデキストリンがあります。

## シクロファン

環状化合物の一部分にベンゼン環が組み込まれた化合物を一般にシクロファンと言います。分子では立体反発による不安定化(高エネルギー化)を避けるため、原子が互いにぶつからないように適当に回転します。

その結果、シクロファンではベンゼン環は全体の環構造に対して垂直に立つことになります。2個、3個など複数個のベンゼン環を持つシクロファンでは、ベンゼン環は互いに平行になって向き合うことになります。つまり、数枚のベンゼン環でできた籠のような状態になるのです。この籠の中には金属イオンや有機分子が入ります。籠と有機分子を結びつける力は主にファンデルワールス力ですが、籠と金属イオンを結びつける力は一種の配位結合になります。

●シクロファンの構造

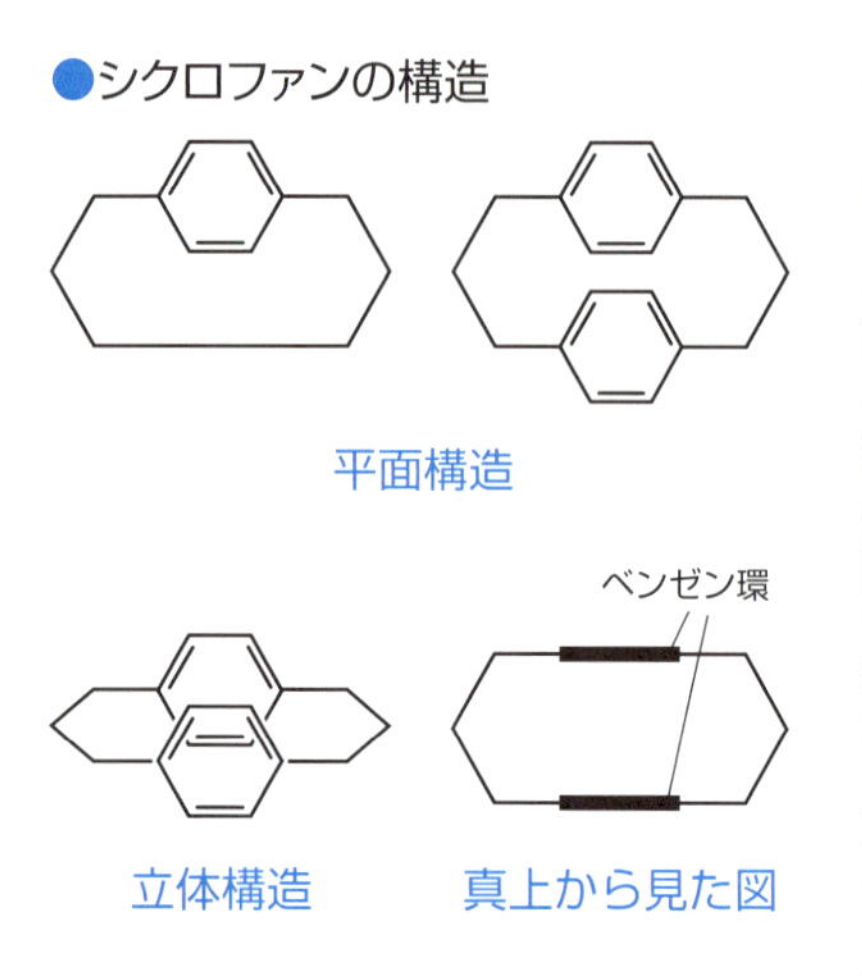


平面構造

立体構造　　真上から見た図

●シクロファンと金属イオンの包摂様式

内部包摂型

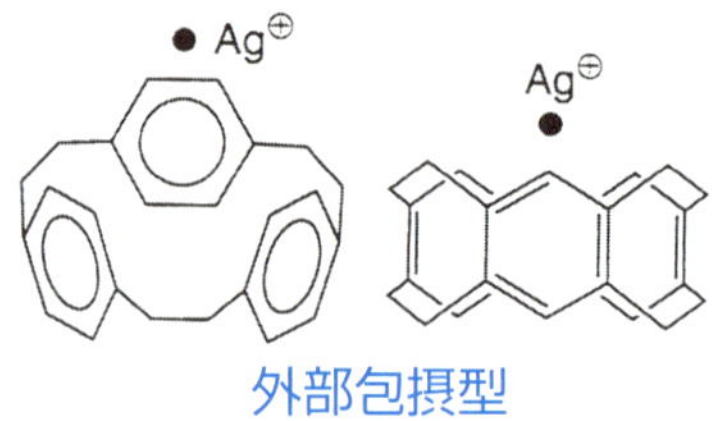


外部包摂型

図は3個のベンゼン環からなるシクロファンと金属イオンの包摂様式です。カルシウムイオン$Ca^{2+}$のように金属イオンが小さい場合には、金属イオンは籠の中にスッポリと入り込みます。しかし銀イオン$Ag^{+}$のように大きい場合には籠の中に入ることは出来ず、籠の上に留まるような形になります。

## シクロデキストリン

デキストリンというのはグルコース(ブドウ糖)分子が何個か結合した鎖状分子のことを言います。シクロデキストリンというのは、このデキストリンの両端が結合して環状(シクロ)になったもののことを言います。環を構成するグルコース分子の個数に応じてα型(6個)、β型(7個)、γ型(8個)があります。

●シクロデキストリン

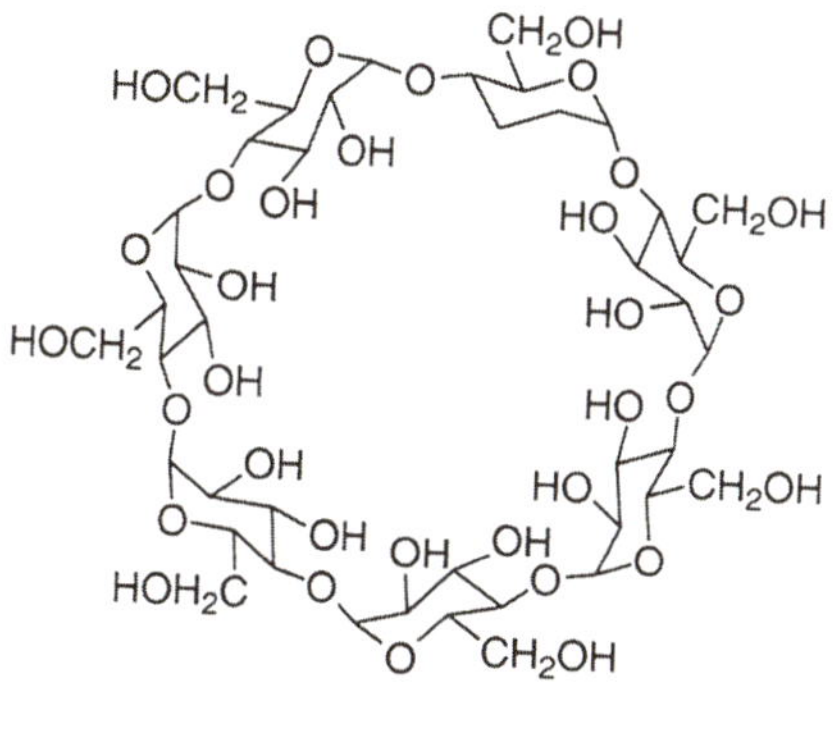

β-シクロデキストリン

シクロデキストリンはシクロファンと違って、環を繋ぐ鎖状分子がありませんから、全体が壁でできた、まるで桶のような構造と思ってよいでしょう。そのため、デキストリンを簡単に図示するときには桶状に書いて表します。

## 包摂の様子

シクロデキストリンはいろいろの分子を包摂することができます。例として、2個の5員環化合物と鉄イオン$Fe^{2+}$からできたフェロセン（詳しくは次のChapter.5で解説）の包摂の様子を見てみましょう。シクロデキストリンが小さい（α型）場合には、2個のシクロデキストリンが重なって作った空間にフェロセンが入ります。中型（β型）の場合にはフェロセンは立って入りますが、大型（γ型）ではフェロセンは横になってゆったりと入ります。

●シクロデキストリンとフェロセンの包摂の様子

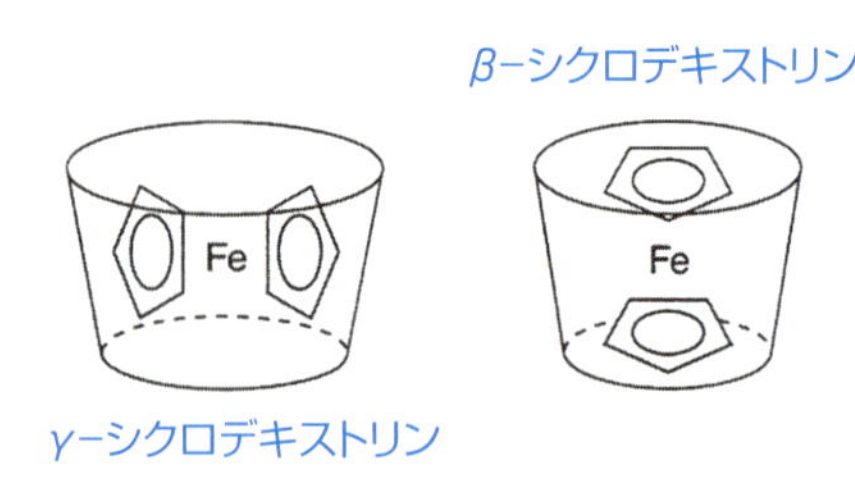

## シクロデキストリンの用途

シクロファンやデキストリンも用途としては次のようなものが知られています。

### ❶ ワサビの風味

シクロデキストリンは元々がグルコースですから、食品に用いても問題ありません。そのため、シクロデキストリンの用途としてよく知られているのがチューブ入りの練りワサビです。ワサビの風味は非常に揮発性が高く、空気中に放置するとすぐに揮発して風味が薄れてしまいます。そこで、この風味の分子をシクロデキストリンに包摂させるのです。すると、風味は長いこと揮発することなく留まります。しかし、口に入れると直ちに水分と風味分子が置換し、ワサビの香が立つのです。

### ❷ 反応部位の選択

シクロファンやシクロデキストリンに適当な大きさの有機分子を包摂させると、分子全体が環に入ることができず、特定の一部分が環外に出ます。このような状態で試薬を攻撃させると、環外に出た部分にだけ優先的に攻撃が起こります。つまり選択的な化学反応を起こさせることができるのです。

### ❸ギフトボックスの用途

Chapter.3で見たギフトボックスも反応に役立っています。化学反応の中には、通常の反応条件では決して起こらない反応があります。図の分子AとBが反応して付加体Cを当てる反応もそのような反応の1つです。

●ギフトボックスの用途

OEt O
O
分子A
+
分子B
→
OEt O
O
分子C

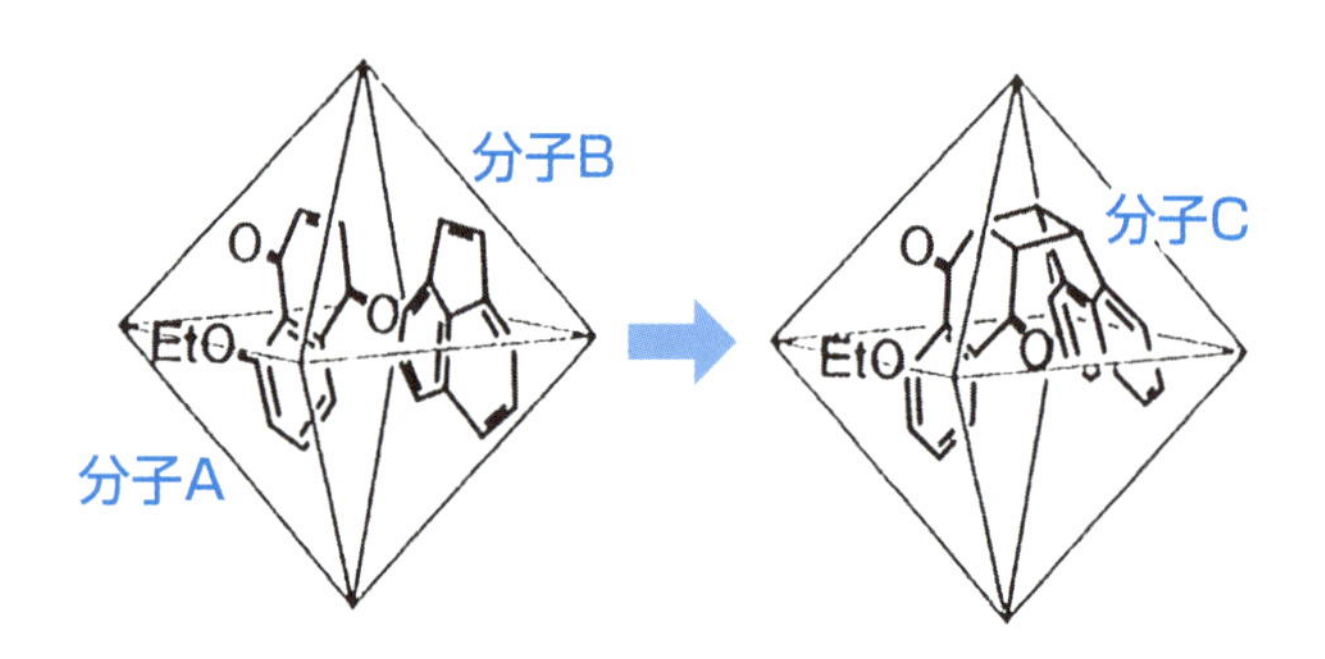

ところがAとBをギフトボックスの中に入れて反応させるのです。するとこの付加反応は進行して付加体Cが生成します。これは2個の反応分子が狭い空間に閉じ込められたおかげで、反応部位が接近したことが原因です。

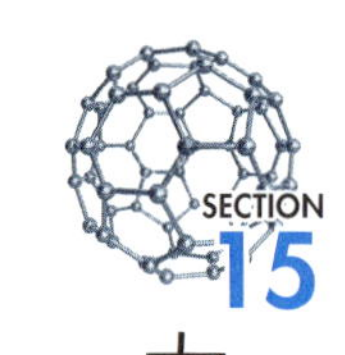


# カリックスアレンは出会いの場

金属イオンは水に溶けやすく、有機物は水に溶けません。したがって有機物と金属を反応させるのは大変なことですが、そのようなときに両者を取り持って近づけさせてくれるのがカリックスアレンです。その意味で、仲人のような分子です。

## カリックスアレンの構造

カリックスアレンの構造を平面的に書くと図のようになります。つまり、基本骨

●カリックスアレン

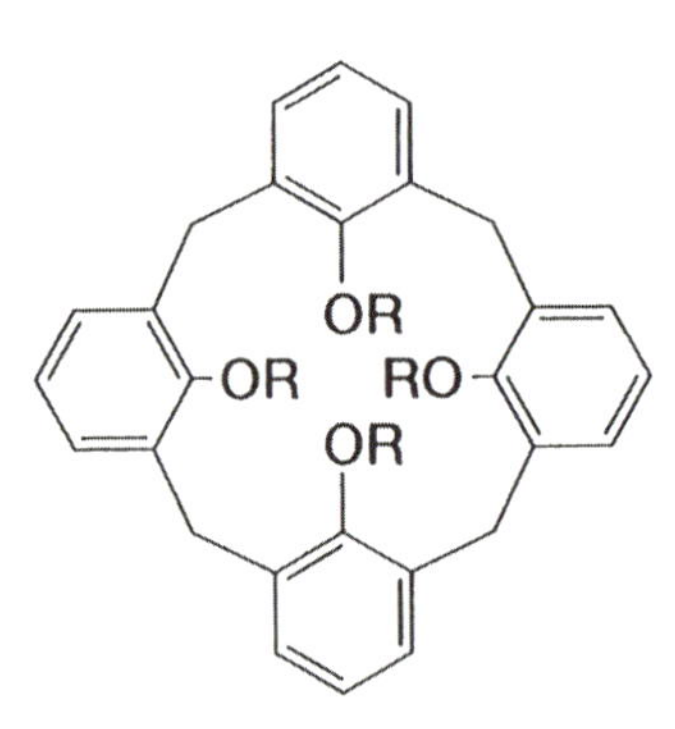


カリックス〔4〕アレン

格はシクロファンと同じように何個かの(図では4個)ベンゼン環を繋いで環状にしたものです。シクロファンとの違いはベンゼン環にエーテル部分(OR)が着いていることです。

カリックスアレンの「アレン」はベンゼン環を指します。そして「カリックス」は古代ギリシアで使われた酒杯のことを言うそうです。この分子の立体的な形がギリシアの酒杯に似ているということです。

## カリックスアレンの機能

カリックスアレンの機能は包摂機能、つまり金属イオンや有機分子を取りこむ機能です。それだけならクラウンエーテルやシクロファンでおなじみのことなのですが、カリックスアレンの特徴はこの両者を同時に取りこむことができると言うことです。

その秘密はカリックスアレンの構造にあります。ベンゼン環の部分はシクロファンと同じであり、主に有機分子を包摂します。それに対してエーテル部分はクラウンエーテルと同じであり、金属イオンを包摂します。

つまりカリックスアレンは、杯の部分で有機分子を捕まえ、脚の部分で金属イオンを捕まえます。この結果、本来だったら互いに避け合って近づくことの無い有機分子と金属イオンが互いに近づき、反応を起こしてしまうのです。

このことから、カリックスアレンは有機物の溶けている有機相と金属イオンの溶けている水相の間を取り持つということから、相関触媒と言われることもあります。

●カリックスアレンの構造

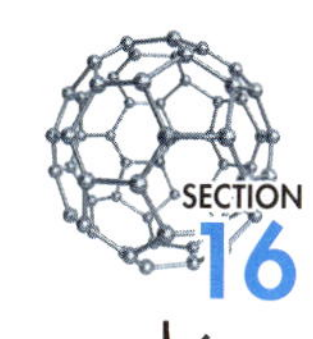


# 水を固めるアクアマテリアル

超分子は現代科学に大きくコミットしています。最も大きな話題になっているのは本書の主題であり、2016年のノーベル化学賞のテーマにもなった「分子マシン」でしょう。しかし、超分子化学の科学的な話題、工学的な話題はいくらでもあります。ここでは、水に関連した話を紹介しましょう。

## 水の構造

Chapter.1で見たように、水分子$H_2O$は一見簡単な分子ですが、一筋縄では行かない分子です。水分子はH−O−Hがおよそ109度の角度で結合したものであり、水素原子Hは+に荷電し、Oは−に荷電しています。その結果、隣り合う水分子のHとOの間には静電引力が生じます。

この結果、水分子は互いに緊密に引き合う（結合する）ことになります。この結果として表れる水の集合体を会合体、あるいはクラスターと呼ぶことは先に見た通りです。

## 水の集合体

水分子の間のこのような関係が最も明らかになったのが水の結晶である氷です。つまり、氷においては水分子は互いに四面体の頂点方向を向くように厳密に位置調整され、三次元（立体）に渡ってその位置関係を制御されています。

この三次元に渡る制御を排除し、二次元（平面）だけに制御することができたら、水の性質はどのようになるのでしょうか？

●水の集合体

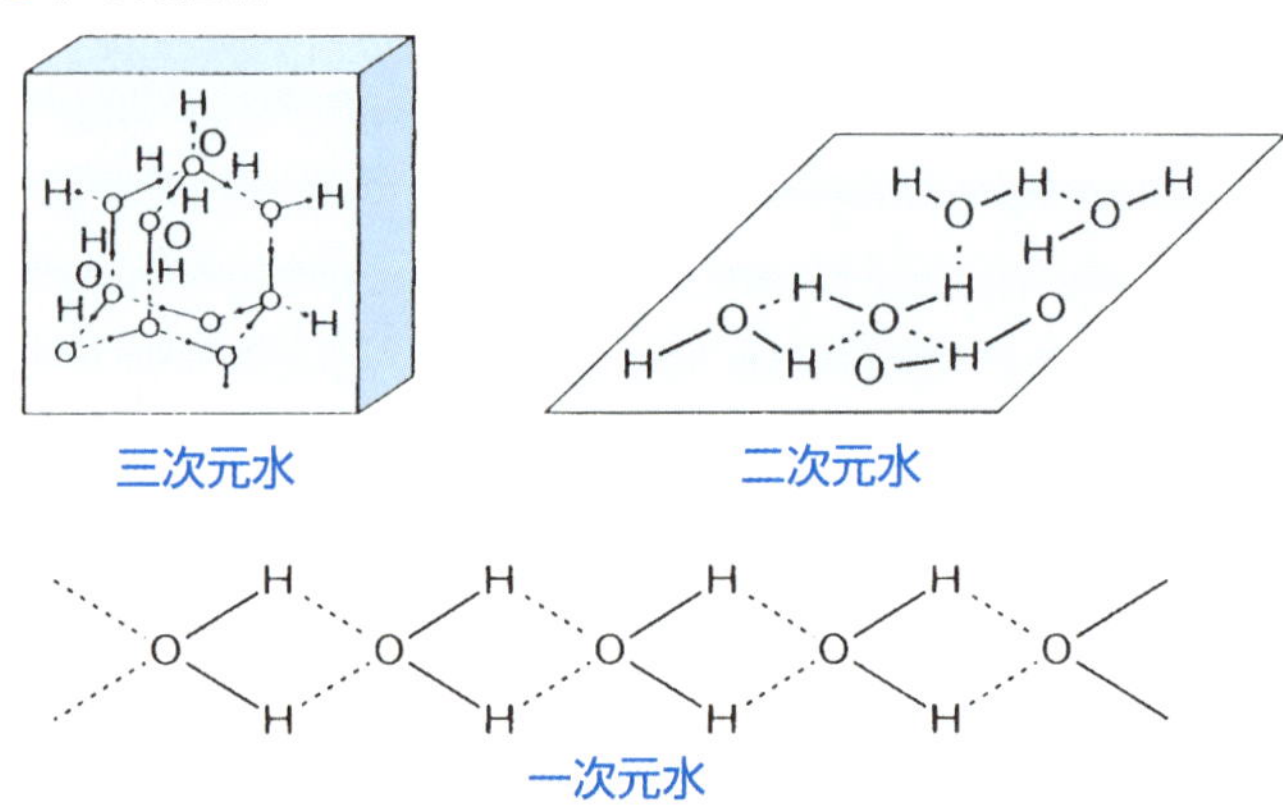

これは水の性質、しいては全ての分子の性質に対してはかり知れないほどのインパクトを与える知見になることは確実ですが、残念なことに、そのような状態の水は実現したことがありません。

## 分子ナノホース

ところが、二次元（平面）どころではなく、一次元（直線）の水を出現させた研究があります。要するに水分子は一列に並んだ状態です。これまで誰も想像もしたことの無い水です。

私の研究室では、かつて炭素C、水素H、酸素O、窒素Nからなる、かなり大きなドーナツ状の環状分子を研究してきました。あるとき、このような要素を使って分子設計し、合成研究をして特定の環状分子を合成しました。

この分子は超分子になる特性を有し、合成反応をして、分子が誕生した途端に多数の分子が互いに積み重なり、長いホース状の分子集団（結晶）となりました。私は、この分子集団（超分子）を分子ナノホースと名付けました。

## 二次元水

この分子の構造を単結晶X線構造解析で解析したところ、とんでもないことがわかったのです。なんと、このドーナツ状の分子の穴の中には1分子の水が入っていたのです。したがって、このドーナツが積み重なってできたホースの中には、ドーナツの個数に等しいだけの個数の水分子が縦に並んで入っているのです。

これは、水分子が一次元に配列されていることに他なりません。かつて誰も実現したことの無い一次元（直線上）配列の水分子が誕生したのです。この一次元水集団の性質や反応性を研究すればノーベル賞は

●二次元水

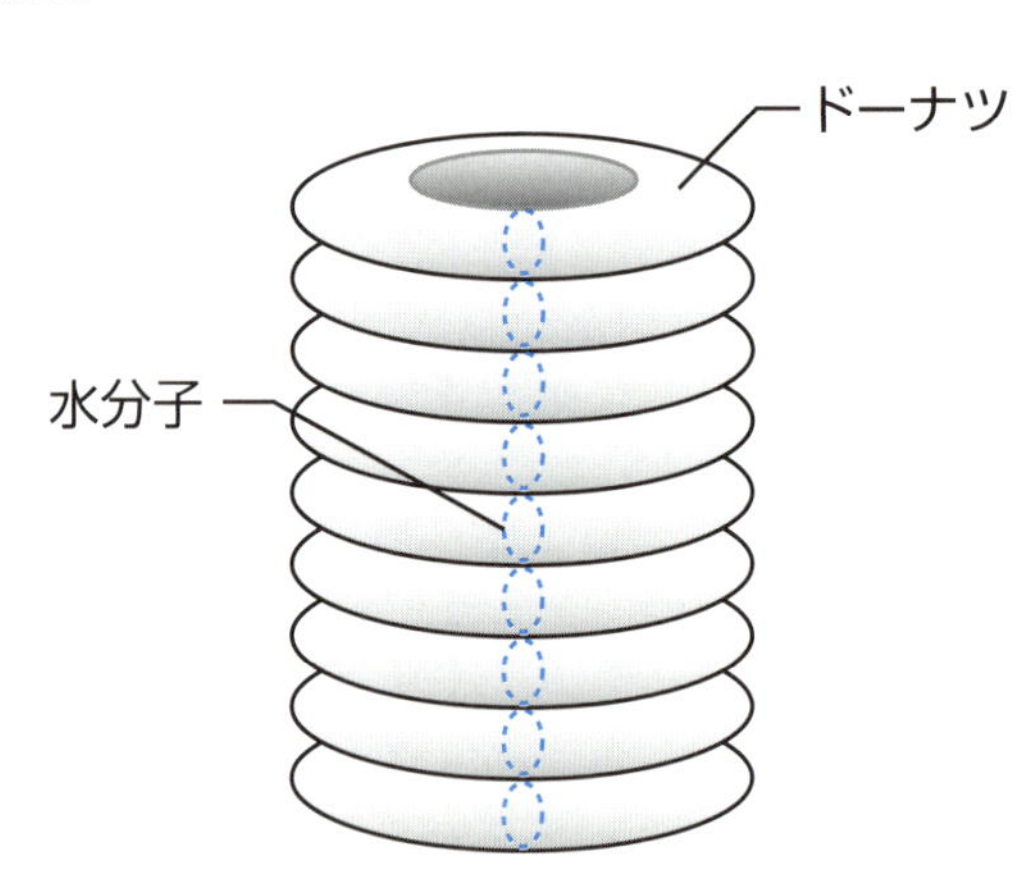

確実ではなかろうかと思われるほどの業績なのですが、その先は、後のご報告になるでしょう。ドーナツの壁を透して一次元水の性質を観察することは、結構、困難です。

## 水の個体

水は温度と圧力によって状態を変化します。低温では固体(結晶)の氷、室温では液体の水、高温では気体の水蒸気です。しかし、水に少量の物質を加えると、水は室温でも固体となります。

## コンニャクと豆腐

例えば、コンニャクは、その重量の97%は水です。コンニャク芋に由来する多糖質は3%に過ぎません。豆腐も木綿豆腐で87%、絹ごし豆腐では89%が水です。つまり、「コンニャクや豆腐は、コンニャクや豆腐の個体」とつい思ってしまいますが、実は両方とも水の個体と思った方が真実に近いのです。

## アクアマテリアルの原料

最近、アクアマテリアルと呼ばれる新しい水の個体が創出されました。これは3種類の分子からできた超分子構造の容器に水が入った構造体です。コンニャクや豆腐は糖類という高分子でできた容器の中に水が入って固体となったものであり、オムツや生理用品として知られる高吸水性高分子は三次元ケージ状高分子が水を吸収するものです。それに対してアクアマテリアルは超分子で出来たケージが水を吸収し、保管して固体を形成するのです。

アクアマテリアルの原料は、次の2種類です。

### ❶粘土

粘土は、ただの土ではありません。粘土の分子構造は図に示したような何種類かの原子が整然と配列したもので、一般

●粘土の分子構造

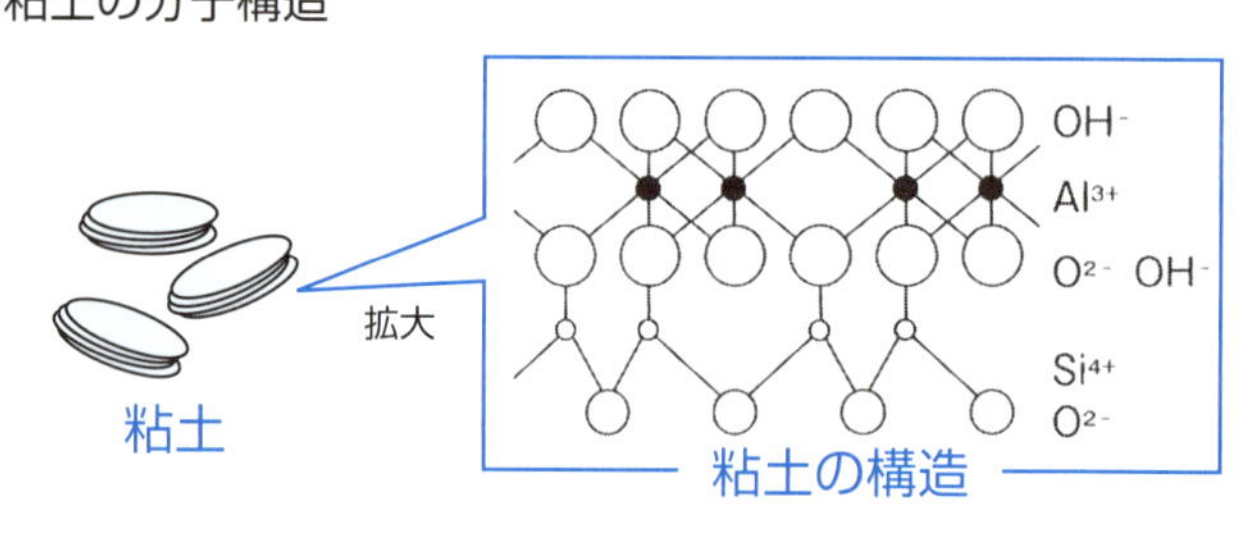

に無機高分子とも言われる物質です。粘土は、このような原子配列を持った集団が層状に集まったものなのです。この粘土に適当な試薬を加えると粘土の層状構造は崩れ、一層の薄い構造体になります。

## ❷ G3バインダー

もう1つが、アクアマテリアル開発者が独自に開発した分子であり、G3バインダーと言う何やら意味ありげな名前で呼ばれる物質です。これは図に示したように、2個のデンドロン分子を長い鎖状分子で結んだものであり、単層構造の粘土を結合する役割をします。

●G3バインダー

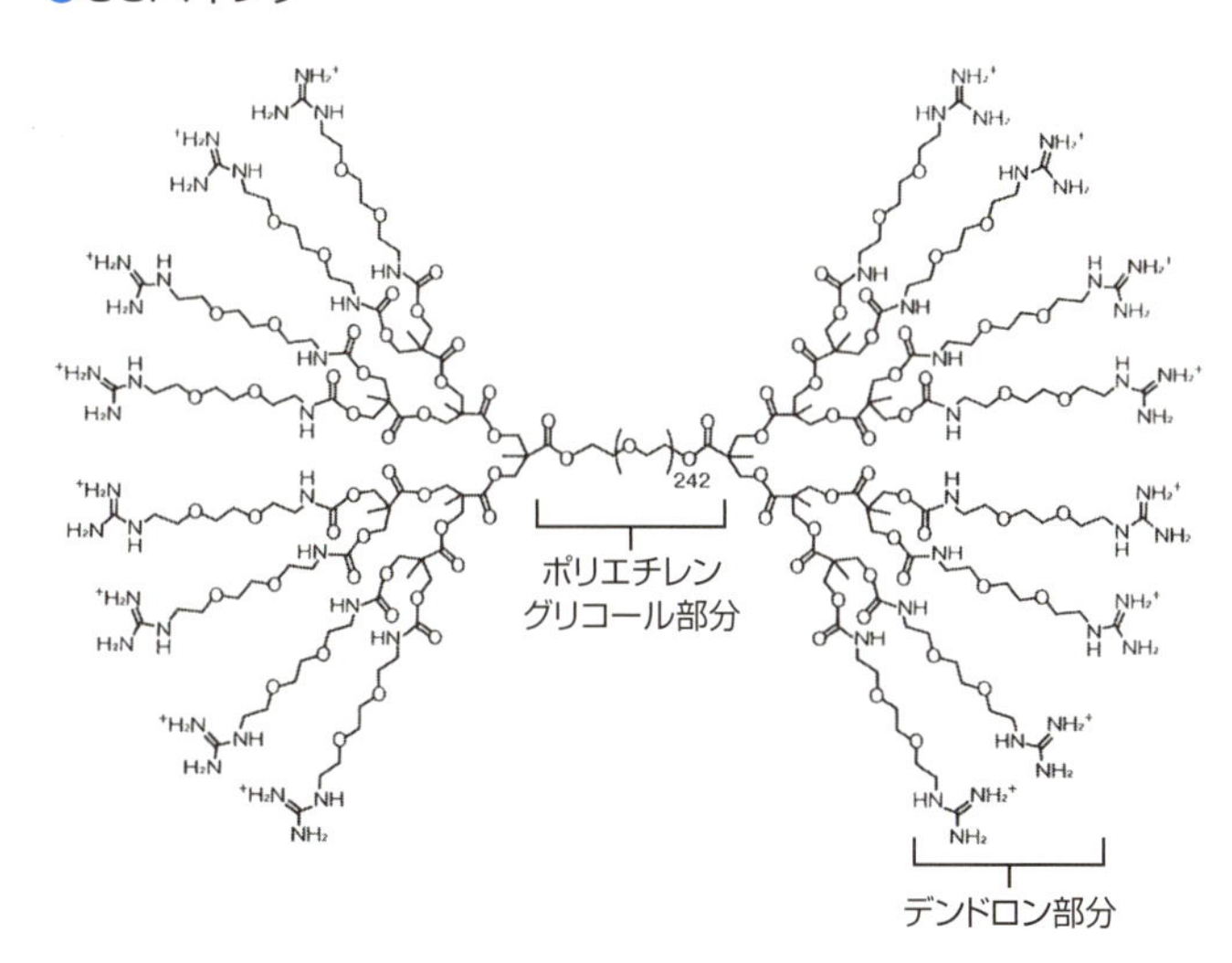

## アクアマテリアルの構造と機能

図はアクアマテリアルの構造を表したものです。円盤は粘土の単層であり、半円状の曲線はG３バインダー、その根元のお椀状の部分はG３バインダーのデンドロン部分を表します。

つまり、G３バインダーのデンドロン部分が粘土の単層構造に接着する事によって三次元網目構造の超分子構造体を構成します。そしてこの容器の中に水分子が入ることによって、水を主体としながらも固体構造を保つというアクアマテリアルが出現したのです。

しかし、これだけだったら、コンニャ

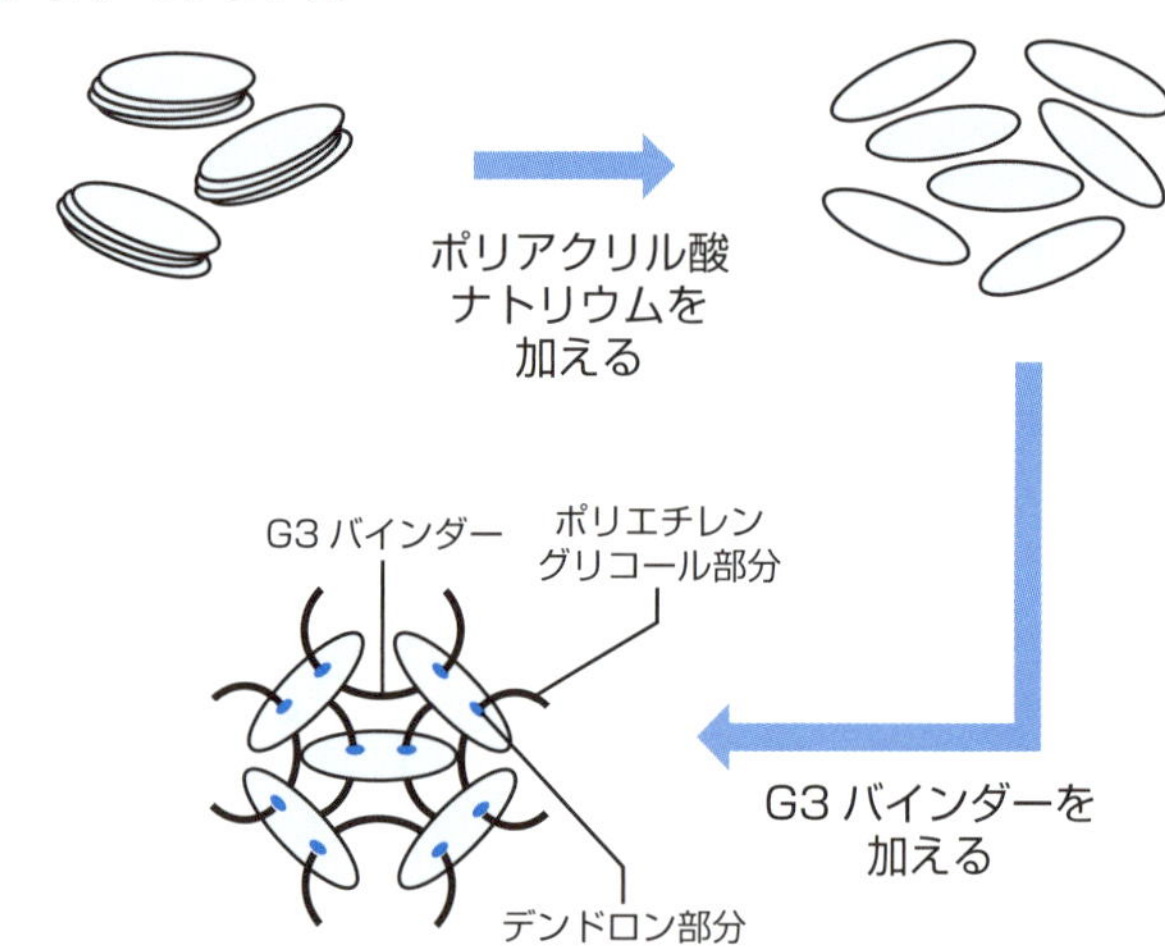

クや豆腐と違いありません。その違いの大きなものは硬度です。アクアマテリアルの硬度はコンニャクの500倍と言います。

また、高分子のコンニャクと違った、超分子のアクアマテリアルの独自の特性、長所があります。それは復元性、再現性です。超分子構造は高分子と違い、結合によるものではありません。分子が緩い引力によって集合したのが超分子です。それだけに、壊れやすく、修復しやすいのです。つまり、アクアマテリアルでできた素材を切断した後、改めて接合しておくと、やがて完全に接合し、接合箇所は不明になります。皮膚を切った傷跡のようなものです。

これの応用例は、医療関係、軟体自動車など、想像の限り広がるものと思われます。超分子化学は純粋研究にとっても、応用研究にとっても、夢にあふれた研究領域なのです。

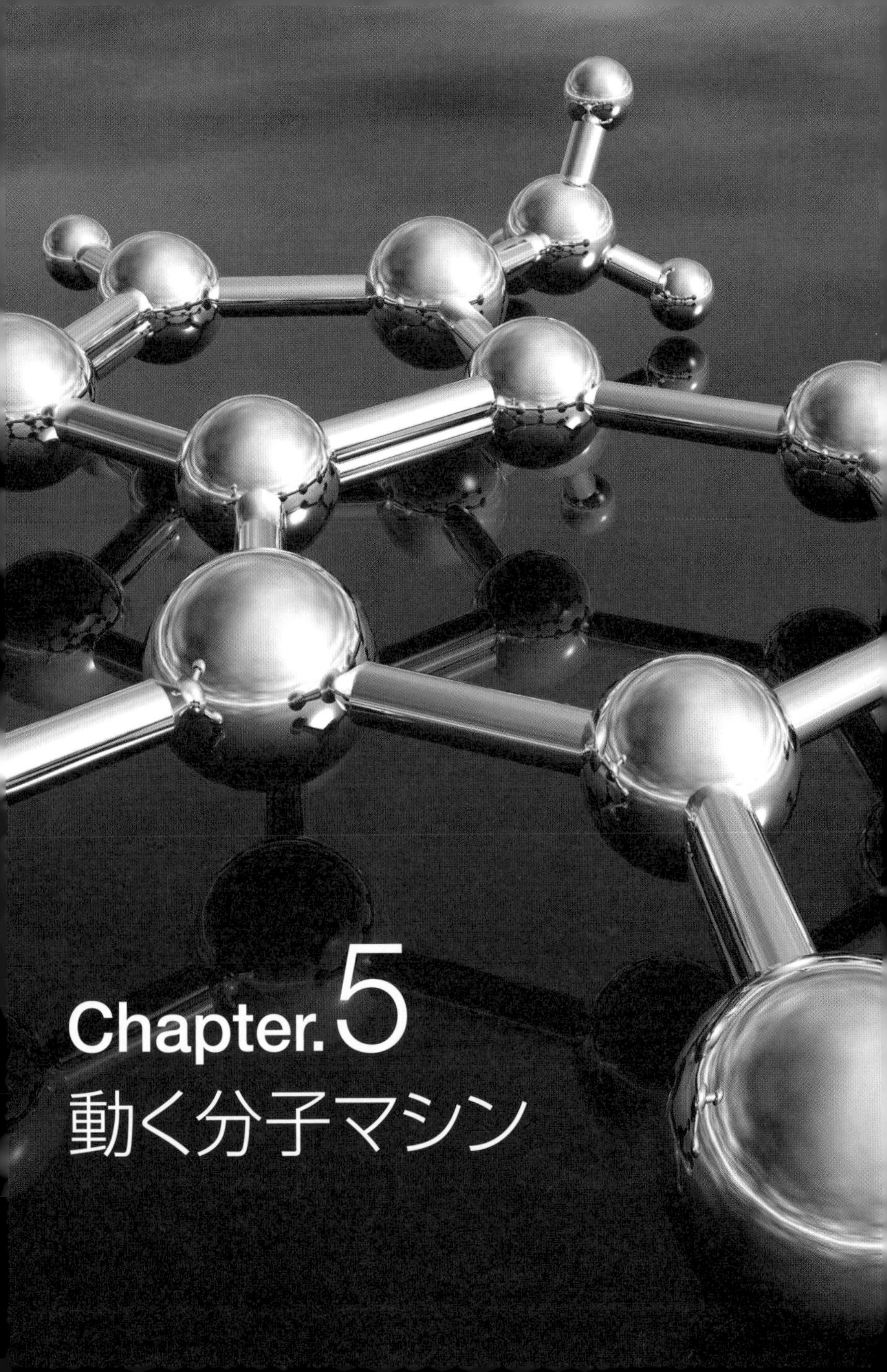

# Chapter. 5
# 動く分子マシン

SECTION 17

# 分子バネ

言うまでも無く、機械は動くものです。動かないものは機械とは言いません。分子マシンも同じです。分子間力で分子を組み立てた構造体であり、かつ動くもの、それが分子マシンの定義と言って良いでしょう。ここまでに見てきた超分子は、ロタキサンやカテナンを別にすれば、自らは動かないものが大部分でした。

本格的な分子マシンは、このような動く超分子を用いて組み立てます。その意味で、本章で見る超分子は分子マシンの部分構造になるものと考えることができます。

## 分子バネの構造

分子バネというのは、分子でできたバネのことです。ゼンマイバネは長い針金がグルグル巻いて積み上がったものですが、分子バネも同様です。つまり、長い鎖状の分子が巻いて積み上がったものです。

図のAは何層にも巻いた状態の分子バネの構造のうち、一層の構造だけを表したものです。Chapter.2で見たベンゼン骨格(安息香酸誘導体)が6個つながって環状構造になった超分子を思い出してください。

分子Aは超分子ではありません。なぜなら6個のベンゼン類似環は共有結合で結合しているからで、これは高分子とみなすべき分子です。問題は、結合の角度によって、ベンゼン類似環が6個繋がると環状構造となり、7個目の環は最初の環の上に重なるということです。

つまり、50個、60個と環が繋がると分子Aはぐるぐる巻いてバネ状になるのです。これが分子バネです。

●分子バネの構造

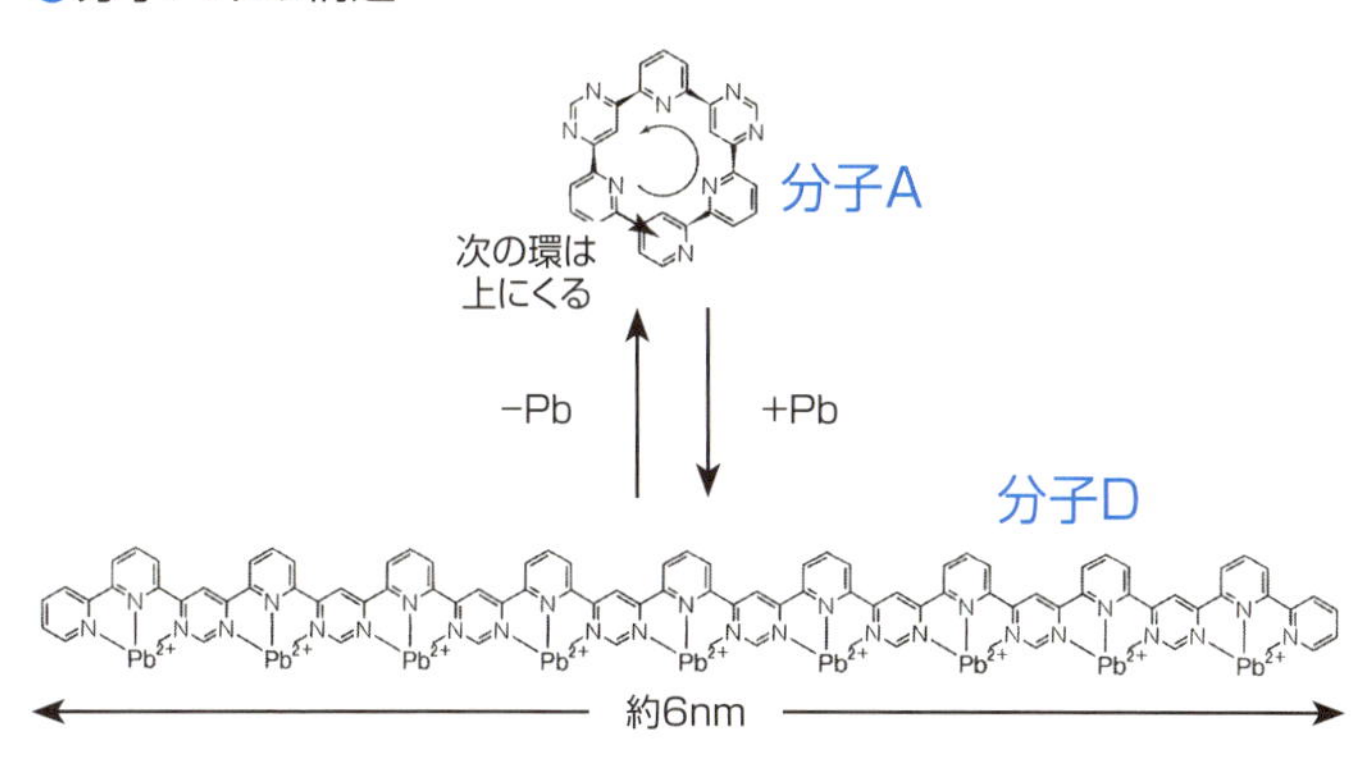


※分子バネ. M. Barboiu, J.-M.Lehn, Proc. Natl. Acad. Sci. U.S.A., 99 5201(2002)をもとに作成

## 分子バネの運動

それでは、このバネを伸ばすにはどうしたら良いのでしょうか？　分子Aのベンゼン環には窒素原子Nが入っています。これが重要な働きをするのです。

分子Bは分子Aの部分構造を表したものです。Bは環を繋ぐ一重結合の周りで回転できるため、構造B1とB2のどちらの配置をも採ることができます。しかしB1では水素原子の間の立体反発が生じるため、主にB2の配置で居ます。

分子Aを見てください。環の配置はB2の連続になっていることがわかります。つまり、分子Aの安定な構造はバネ型構造なのです。

しかしBに適当な金属イオン例えば鉛イオン$Pb^{2+}$を加えます。金属イオンは電気陰性度の大きい窒素原子に引

●分子バネの運動

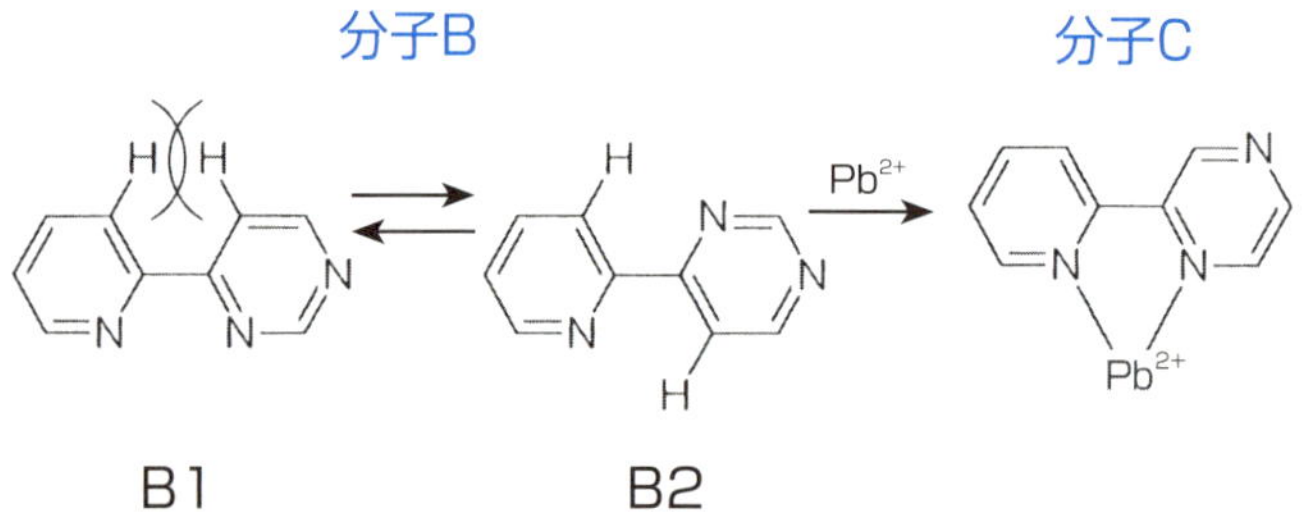

き寄せられます。この結果、分子Bと金属イオンが結合した化合物はCとなります。

分子Dは化合物Cを連続させたものです。つまり、分子Aに金属イオンを反応させると化合物Dになるのです。いうまでもなく、これはAがバネ状態を解消して伸びきった状態です。

このように、金属イオンを加えれば伸びきった針金になり、金属イオンを除けば巻いたゼンマイバネになって縮まる。これが分子バネなのです。

# 分子シャトル

分子バネで、多少の動きを示す分子を紹介しました。ここでは大きな動きをする超分子をご紹介します。それは、分子シャトルです。シャトルというのは日本語で言えば飛び杼（ひ）であり、織物の際にぴんと張った何百本もの経糸（たて）の間を左右に往復して横糸を織り込んでいく道具です。

スペースシャトルは宇宙と地球の間を往復することからこの名前が付けられました。分子シャトルもまさしく飛び杼のように、分子の中を分子が往復するものです。

## 分子シャトルの構造

先に環状分子と棒状分子が組み合わさったロタキサンという超分子を見ました。この分子では環状分子と棒状分子の間に結合は無く、環状分子は棒状分子の上を左右に自由に動くことができました。そのため、棒状分子が抜けてしまわないように、棒状分子の両端にはストッパーが着いていました。

分子シャトルは、この環状分子の動きを制御しようというものです。図のロタキサンAを見てください。環状分子部分はエーテル構造であり、一種のクラウンエーテルと言ってもよいでしょう。クラウンエーテルの特徴は電気陰性度の大きい酸素原子が電子を引き付けて－に荷電していることです。そのため、クラウンエーテルは分子の＋に荷電した部分に引きつけられる性質があります。

棒状分子を見てください。分子の上側

●分子シャトルの構造

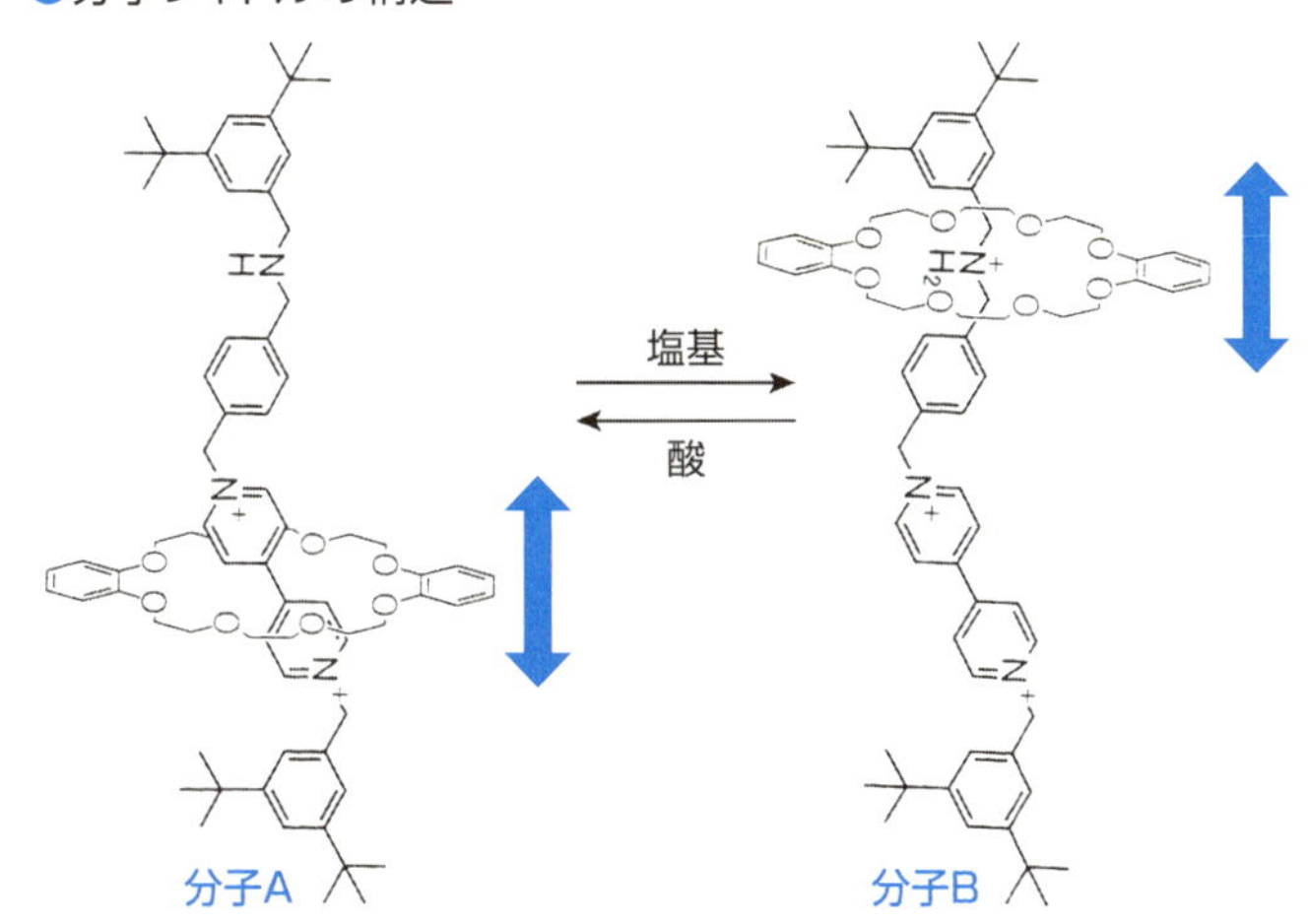

に窒素原子を含んだZエという部分があります。窒素分子も電気陰性度が大きく、＋の電荷を持った原子を引き付ける作用があります。一方、分子の下側には窒素陽イオン$Z^{+}$を含んだ6員環(ピリジン環)が2個並んでいます。

## 分子シャトルの動き

クラウンエーテルは＋部分に引き付けられるので、この状態では環部分は分子の下側に固定されています。この分子を含んだ溶液に酸を加えて溶液を酸性にしてみましょう。酸性にするというのは溶液に水素イオン$エ^{+}$を加えるということです。

図のBでは、加えられた$エ^{+}$はZエ部分のNに結合し、Zエを$Zエ_2^{+}$に変えてしまいます。$Zエ_2^{+}$のNとピリジン環のNでは、＋電荷の程度は前者の方が大きいです。そのため、クラウンエーテルは分子の上側へと移動して$Zエ_2^{+}$部分に引き付けられます。

次に溶液に塩基(アルカリ)を加えて塩基性(アルカリ性)にすると$Zエ_2^{+}$は、元のZエにもどり、クラウンエーテルは下側に戻ります。つまり、溶液の酸性度、pHを変化させることにより、クラウンエーテルの位置を制御することができるのです。

# 分子エレベータ

分子シャトルでは環状分子が上下しました。これを三次元に拡大して、盤状分子が上下するようにしたのが分子エレベータです。考え方や構造は分子シャトルそのものです。

図の分子Aが盤状分子でありエレベータの床に相当し、この分子が上下します。この分子にはクラウンエーテルが3個ついています。分子Bは中央の環から3本の腕が伸びています。この腕の1本1本は分子シャトルの棒状分子に相当します。

つまり、板状分子の3個のクラウンエー

●分子エレベータの構造

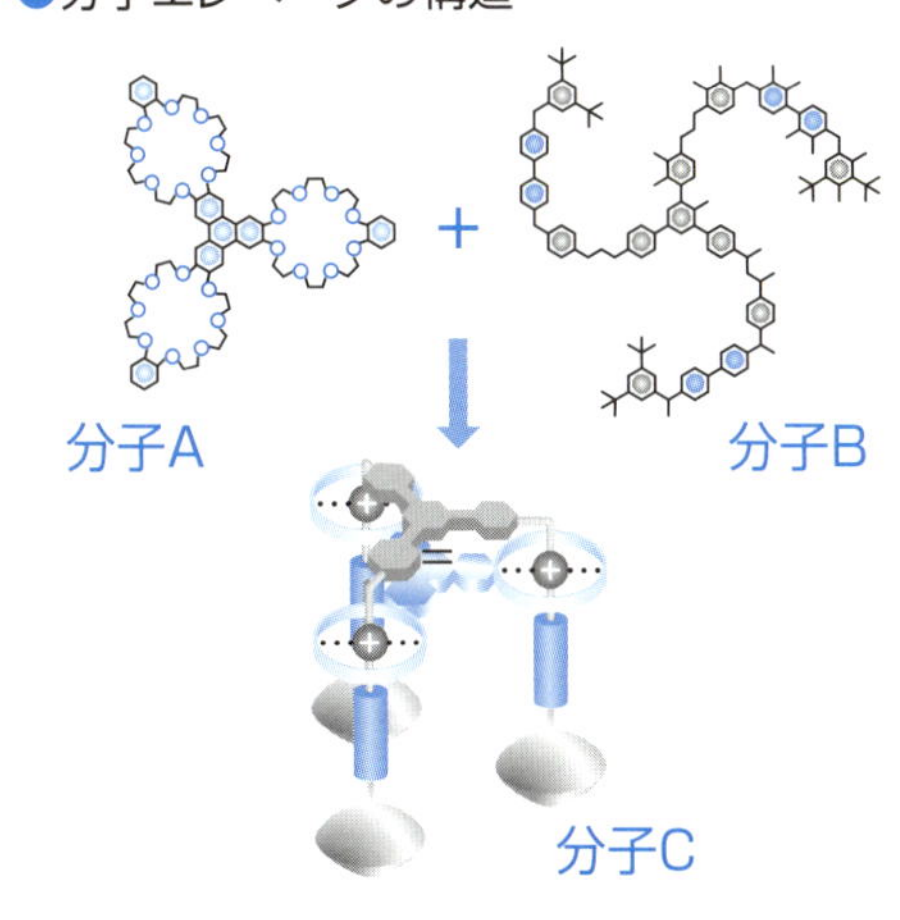


※分子エレベータ.J. D. Badjic, V. Balzani, A. Credi, S. Silvi and J. F. Stoddart, Science, 303,1845-1849 (2004)をもとに作成

テル環に3本の腕を挿入した分子が分子エレベータなのです。図Cはそれを組み立てた様子を模式的に描いたものです。3本の柱が円の組み合わさった床を支えている状態が描かれています。この床が盤上分子であり、柱が3本腕の分子というわけです。下図は実際に合成したこの分子の分子模型です。

つまり、分子シャトルと同様に、溶液のpHを変化させることにより盤上分子が上下するのです。これは確かに分子エレベータと言うに相応しい物と言うことができるでしょう。

●分子エレベータの分子模型

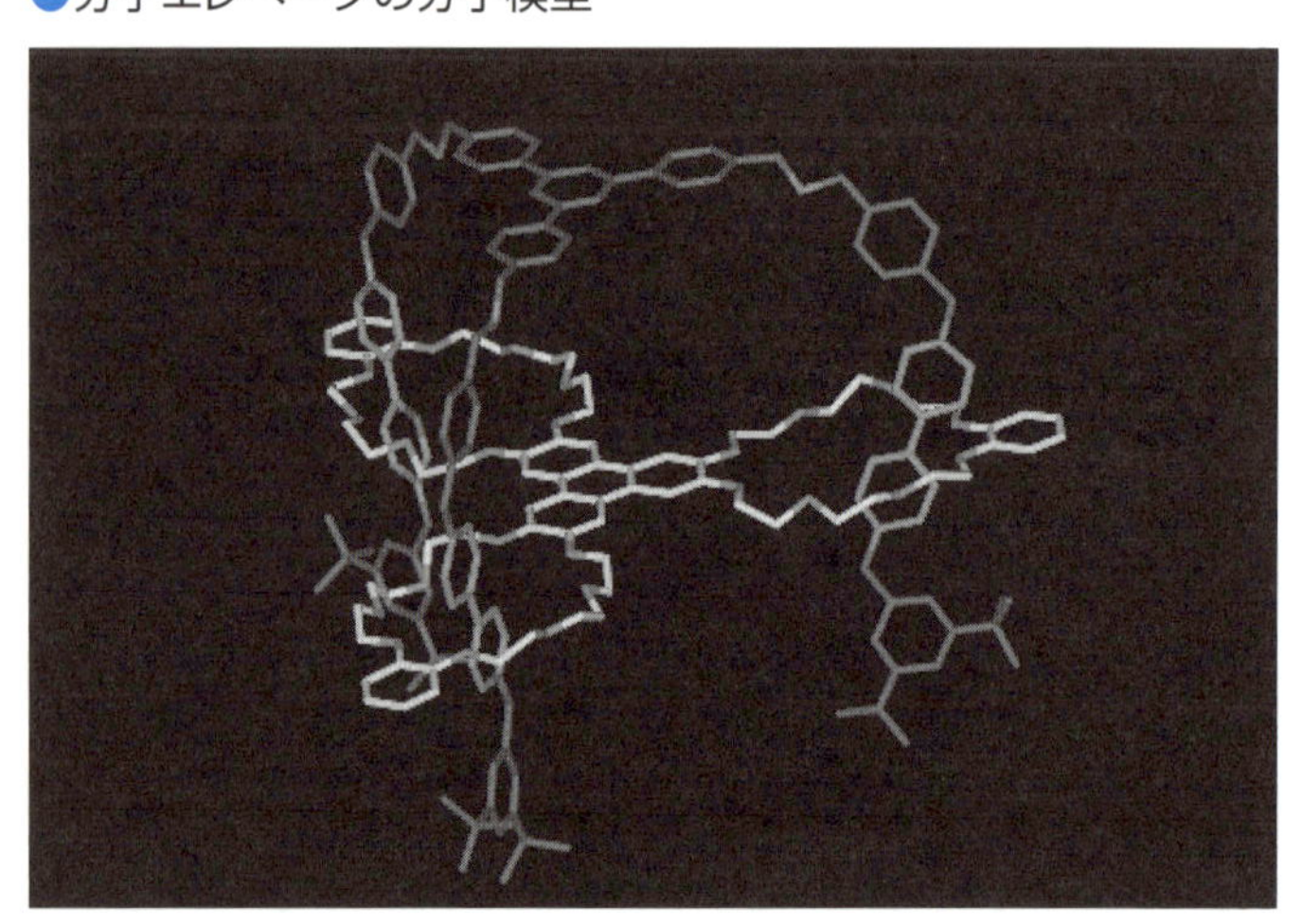

※http://www.org-chem.org/yuuki/rotaxane/machine.htmlより

# 分子筋肉

私たち人間も含めて動物の体は、その動的部分だけを見れば、一種の機械と見ることができます。その様に考えたら、筋肉は、その機械を動かす機械部品と言えます。その場合、筋肉の働きは簡単に言えば伸び縮みするだけです。脳の指令によって伸び縮みする単純部品。それが筋肉なのです。

でしたら、分子で筋肉の代用品、あるいは筋肉のように伸び縮みする分子を作ることができるのではないでしょうか？　そのように考えて開発されたのが分子筋肉です。

## 分子筋肉の構造

分子筋肉の基本的構造は二重ロタキサンと呼ばれるものです。つまり環状分子に棒状分子が結合した分子が2個入れ違い式に連結したものです。構造が複雑になるので、図Ａには分子構造ではなく、模式図で示しました。この2個の分子が左右に動くことによって連結された分子全体の長さが伸縮するのです。

## 伸縮の原動力

問題は、どのようにして2個の分子を左右に動かすのかということです。実はここでも金属イオンが大きな力を発揮するのです。

話は少々複雑になりますが、この各分子には細工がしてあります。つまり、所々にストッパーが着いているのです。そして、このストッパーに金属イオンが結合

●分子筋肉の構造

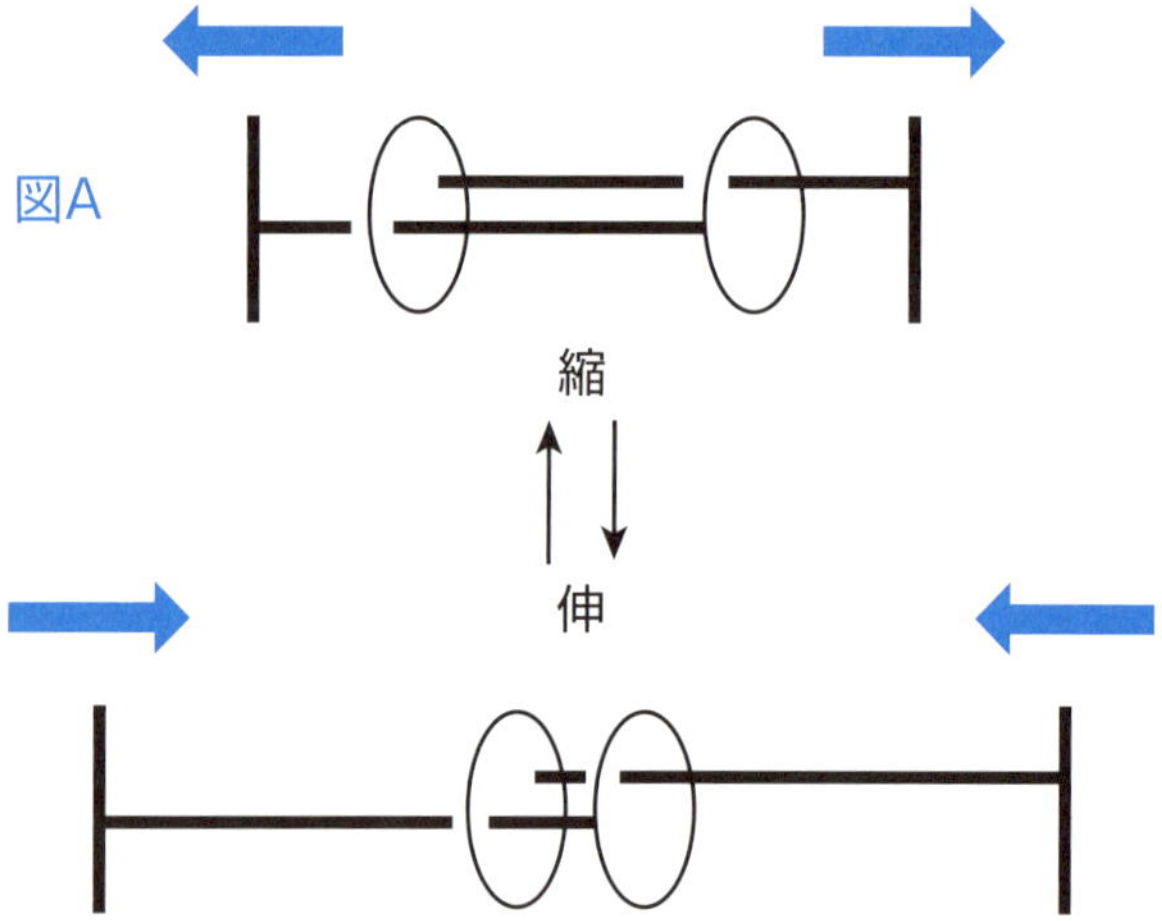

図A

縮

伸

するのです。ところが金属イオンには、5個のストッパーと結合して図Bのaのようになるものと、4個のストッパーと結合して図Bのbのようになるものがあります。

図Cは図Aの分子にストッパーを組み入れて示したものです。図Cの上の図は金属イオンXを加えた状態です。Xは自分の周りに5個のストッパーを集めようとします。その結果、分子の長さは縮まってしまい

●伸縮の原動力

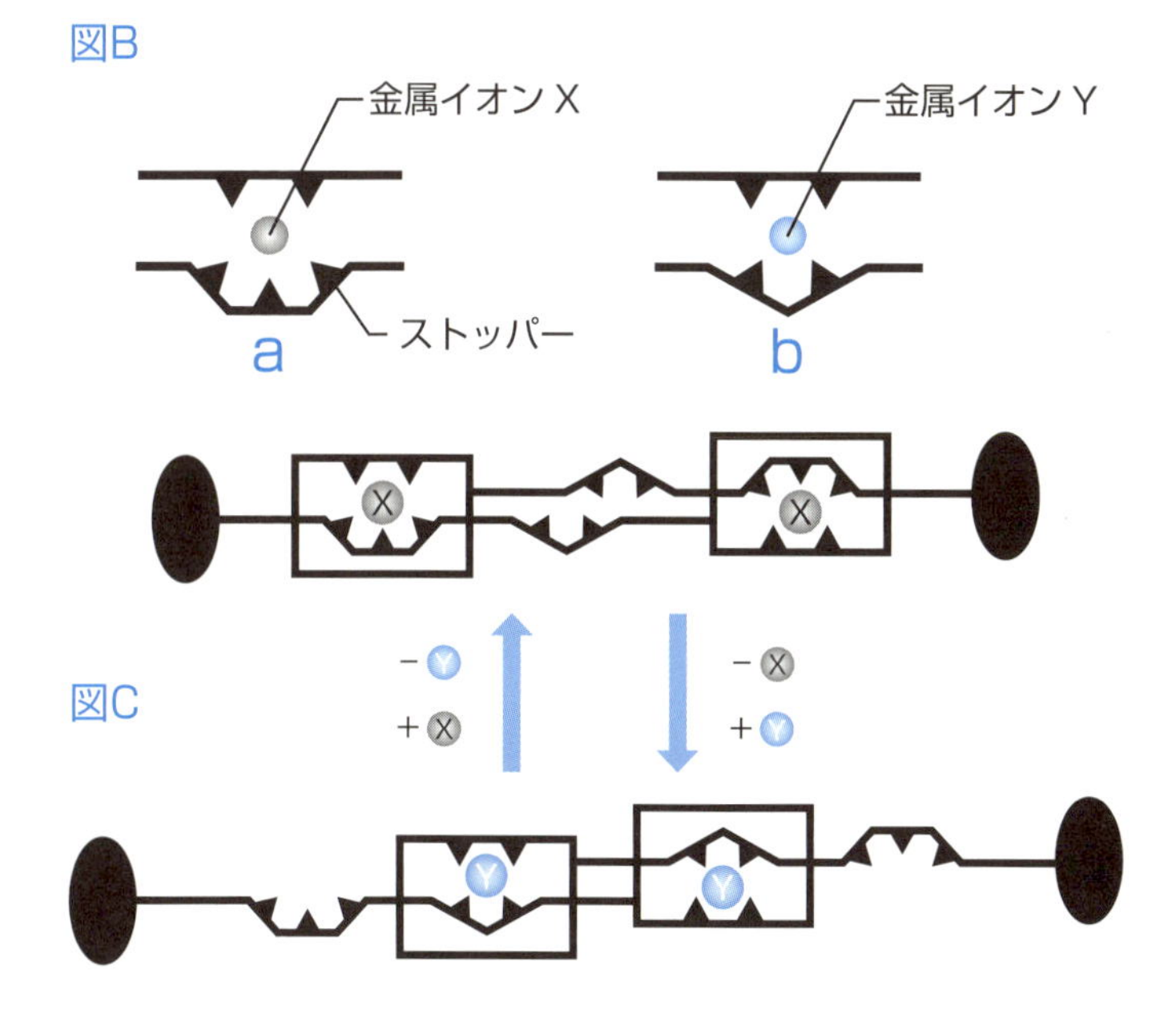


※http://www.org-chem.org/yuuki/rotaxane/machine.htmlより

ます。それに対して金属イオンYは自分の周りに4個のストッパーを集めようとします。この結果、分子は伸びます。

このように、二重ロタキサン分子の溶液に金属イオンXを加えるか、Yを加えるかによって分子の長さが変化するのです。

## 超分子化学

実は筋肉の伸縮運動も同じようなものです。脳の指令は神経細胞を伝わって筋肉に届き、その指令によって筋肉は伸縮します。そして神経細胞を指令が伝わる仕組みは、神経細胞をナトリウムイオン$Na^+$とカリウムイオン$K^+$という二種の金属イオンが出入りすることによって成り立っているのです。生体の仕組みは複雑で神秘的ですが、個々の動きにばらして考えれば意外に単純なものなのかもしれません。

ところで、この項目では化学記号は全く出てきませんでした。それでも、話の本質は、おわかり頂けたのではないでしょうか。これが超分子化学の本質です。つまり、超分子化学において、化学の些末な知識は必ずしも必要ではないのです。化学が得意で実験の上手な人が「作ってくれた」パーツ分子をうまく組み合わせて便利な動きをする分子機械を「発案する」。その能力の方が本質的で重要と言うことができるでしょう。

超分子化学の世界は、このようなアイデアマンを必要としています。実際の合成技術は実験が得意な実験者に任せれば良いのです。

# 分子ピンセット

細かい物体を挟むものをピンセットと言います。一方、パン屋さんでパンを挟むような大きな道具をトングと言います。そのため、ここで紹介する分子を挟む超分子は分子ピンセット、あるいは分子トングと呼ばれることがあります。

## 分子ピンセットの構造

典型的な分子ピンセットの構造は図に示したようなものです。すなわち、2個のクラウンエーテルをN=N二重結合で連結したものです。

先に見たように、クラウンエーテルは金属イオンを取りこむ性質があります。金属イオンをつかむ分子ピンセットの部分構造としては最適でしょう。

分子ピンセットの重要な構造はN=N二重結合です。同じ種類と個数の原子からできた（分子式が同じ）としても、二重結合には立体的に異なる二種の構造があります。このように、分子式が同じで分子構造が異なる分子を互いに異性体と言います。そして、立体構造が異なるものを互いに立体異性体と言います。

C=C二重結合の2個の炭素にそれぞれX、Yの原子団（置換基）が着いたものを考えてみましょう。X、Yの配置には2種類あります。二重結合の同じ側に同

## ●分子ピンセットの構造

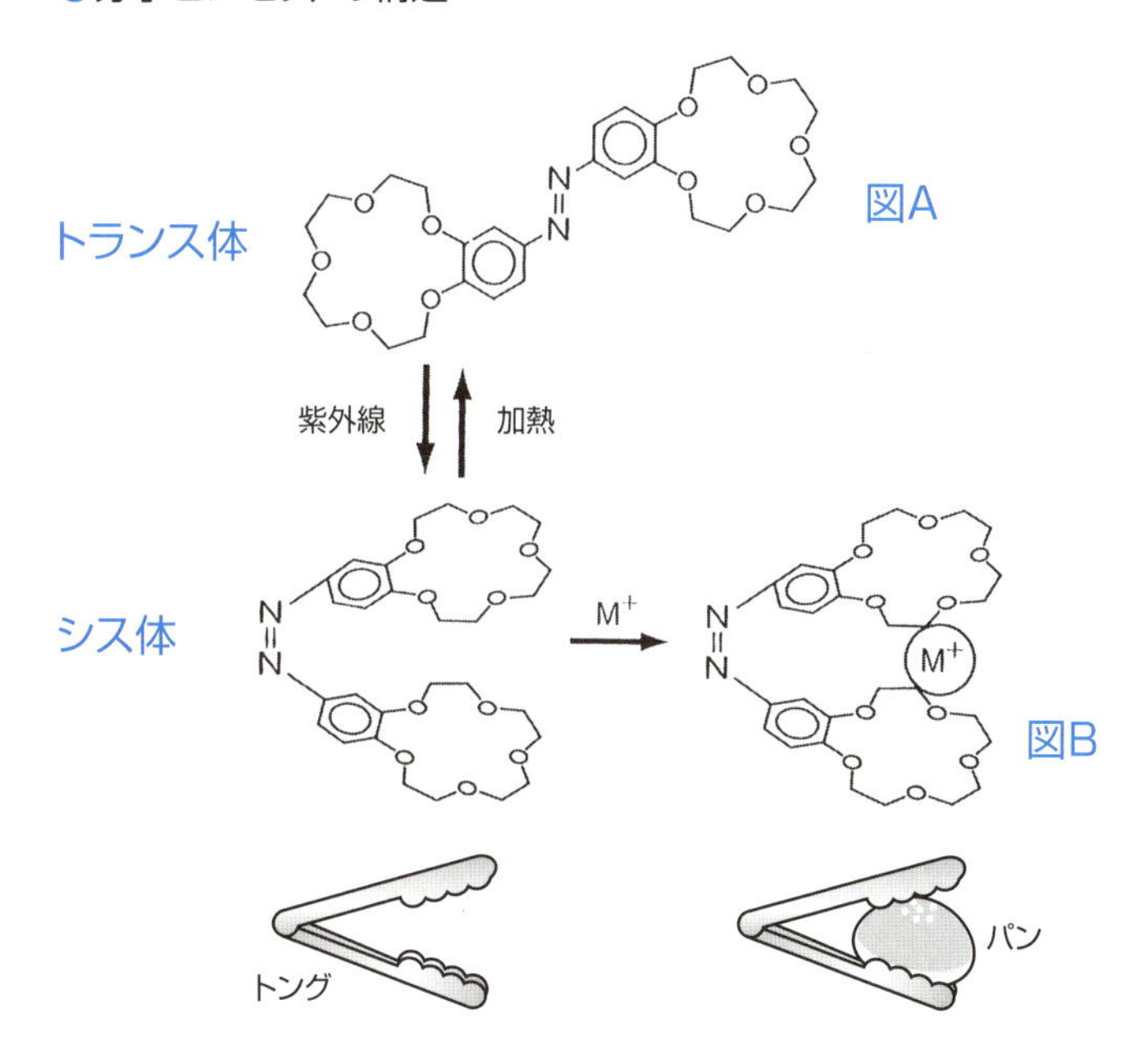

じ置換基が着いているものをシス体、反対の置換基が着いている物をトランス体と言います。

C=C二重結合の場合、いくら加熱してもシス体とトランス体の間の相互変換は起きません。シス体はシス体のまま、トランス体はトランス体のままです。しかし、紫外線を照射すると両者は相互変換を起こします。つまりシス体はトランス体に変化し、トランス体はシス体に変化します。

N=N二重結合にもシス体とトランス体があります。しかし、N=N二重結合の場合には紫外線照射、ある

●分子ピンセットの構造

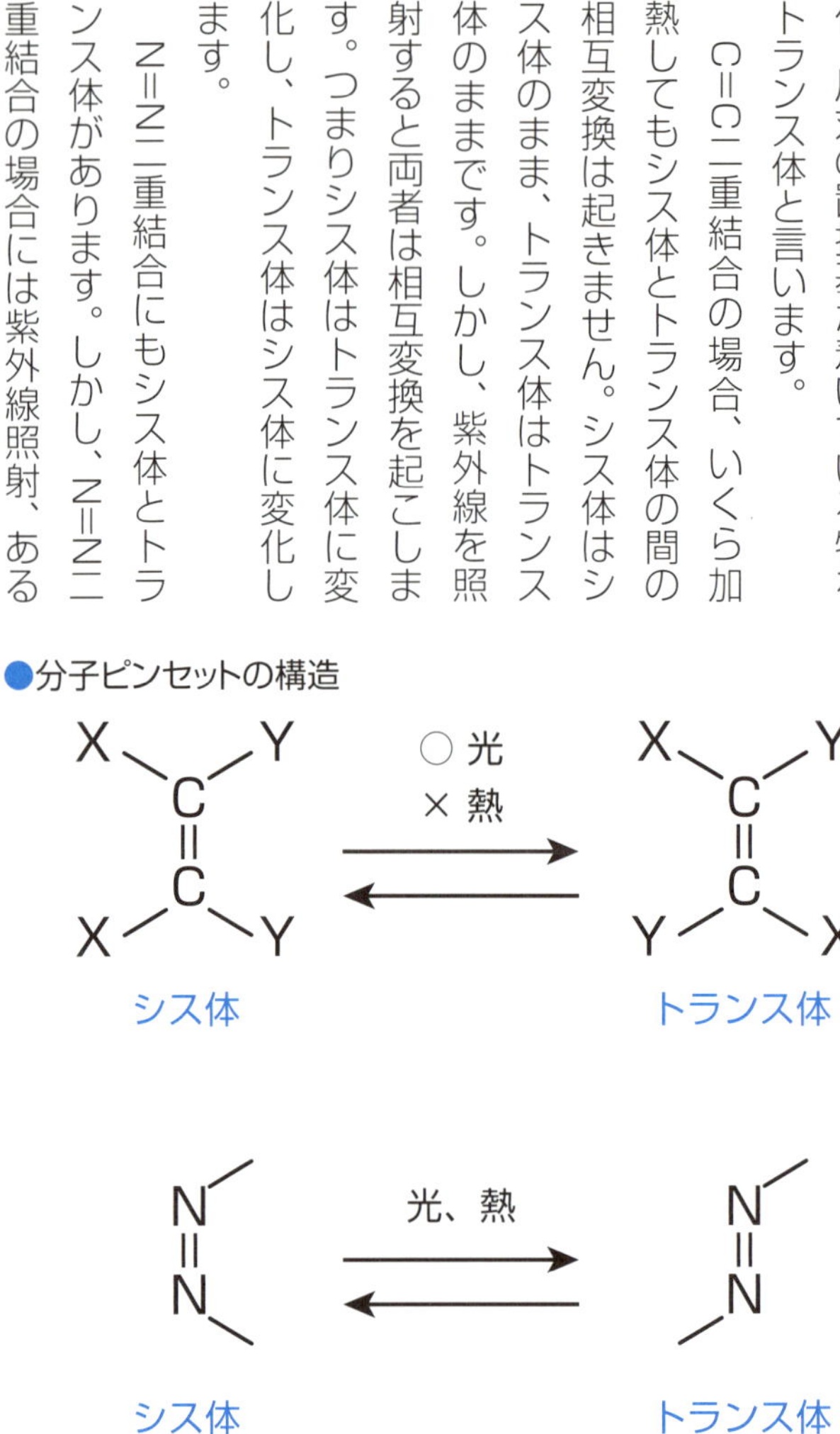

いは加熱によってシス・トランスの相互変換(異性化)が起こります。

## 分子ピンセットの動き

図の分子ピンセットAはトランス型です。これでは2個のクラウンエーテルは互いに反対側を向いて離れているため、分子ピンセットとして働くことはできません。

しかし、これに紫外線を照射するとシス型Bに異性化し、2個のクラウンエーテルが互いに向き合ってまさしくパン屋さんのトングのような形になります。こうなったら金属イオン$M^+$を挟むのはお手の物です。しっかりと金属イオンを捕まえます。

次に加熱をすると、ピンセットはトランス型に戻り、金属イオンを放します。つまり光照射や加熱という人間の操作によって、分子が金属イオンをつかんだり放したりするのです。これは正しく人間の意のままに動く道具、機械と言ってよいのではないでしょうか。

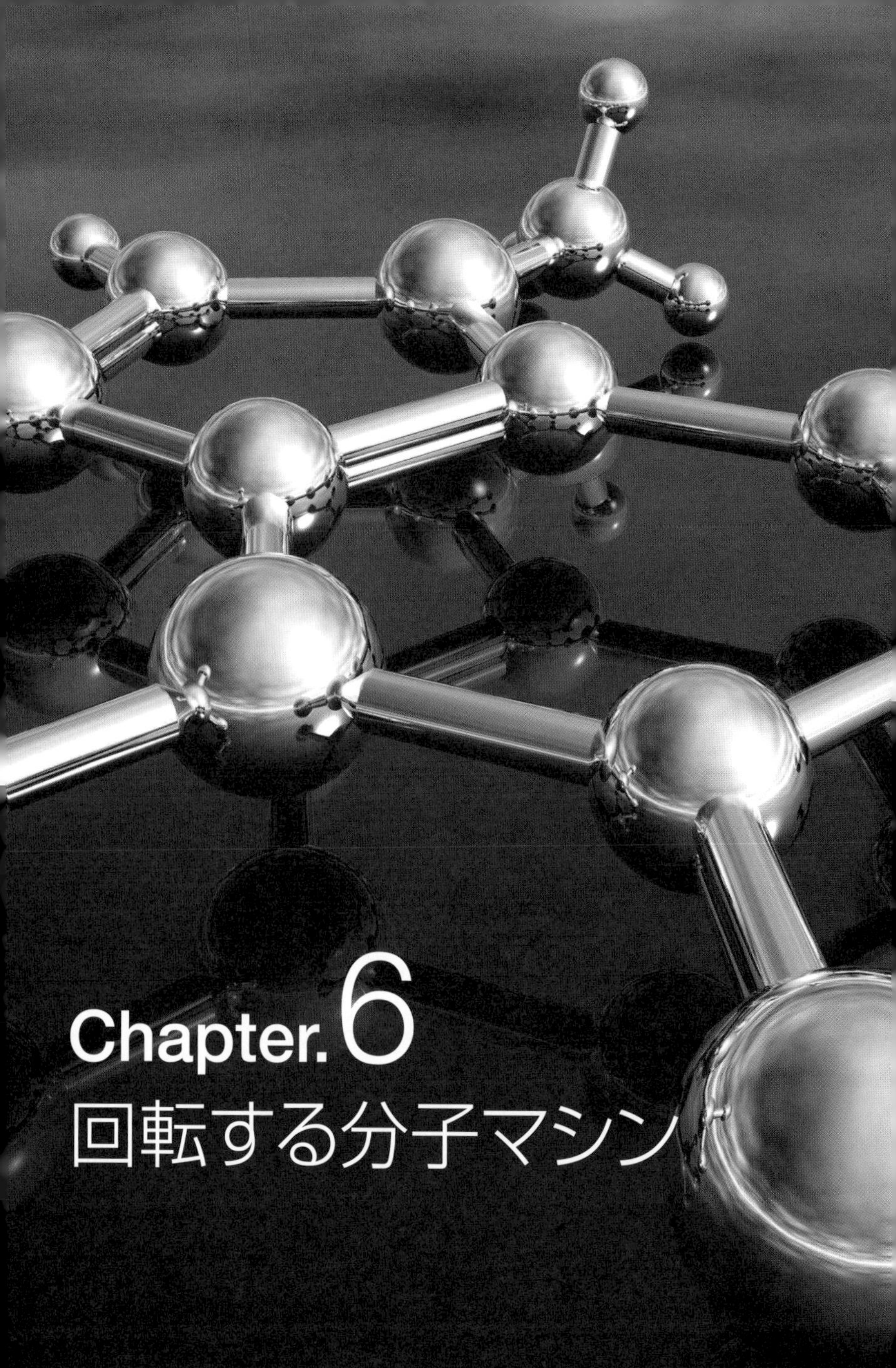

# Chapter. 6
# 回転する分子マシン

# 分子地球ゴマ

機械にとって回転という動作は非常に大切です。普通の機械なら、ピストン、モーターなどの動力としての回転から、軸受け、ボールベアリングなどによる動作伝達的な回転まで各種の装置、器具が揃っています。分子マシンではこの問題をどのように解決するのでしょうか?

## 結合と回転

結合には回転できる結合とできない結合があります。一般に一重結合と三重結合は回転できます。それに対して二重結合や共役二重結合は回転できません。

## 一重結合の回転

エタン$H_3C-CH_3$のC－C一重結合は典型的な回転可能な結合とされています。しかしよく見ると、回転に抵抗が全く無いわけではありません。

図はエタンの立体構造を表したものです。C－C結合の回転に基づいてAとBの2つの構造があります。このように、結合回転に基づく異性体を回転異性体と言います。

●エタンの立体構造

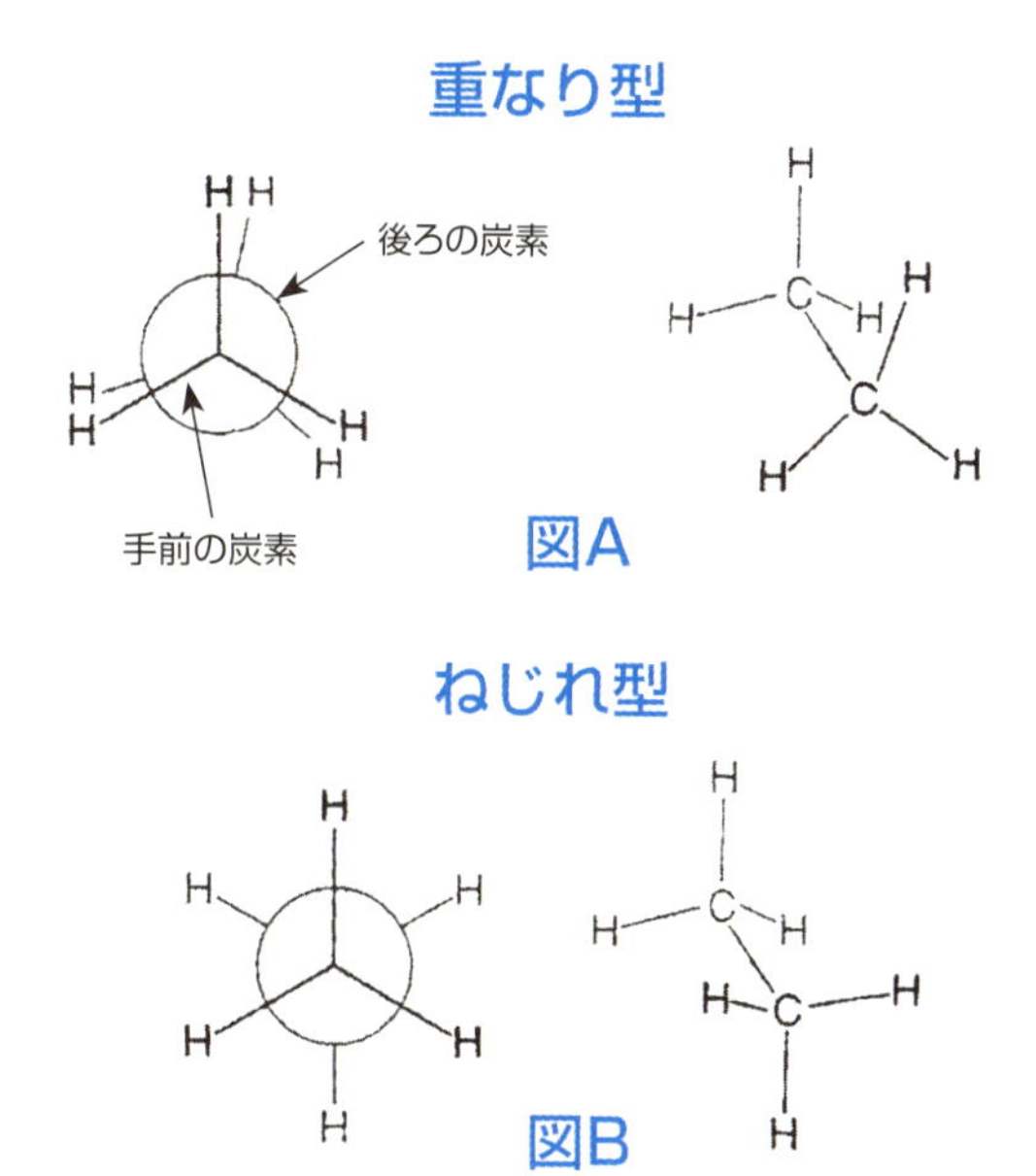

図Aでは手前の炭素に着いた水素と後方の炭素に着いた水素が空間的にぶつかっています。このような配置を重なり型と言って、高エネルギー(不安定)であることが知られています。それに対して図Bではぶつかりが無いので低エネルギーで安定です。このような配置をねじれ型と言います。

この様な高エネルギー型と低エネルギー型があるおかげで、エタンのエネルギーはC―C結合の回転に伴って変化します。その様子を表したのがグラフです。120度毎にエネルギーの山と谷が現われています。これはエタンのC―C結合の回転が全く無抵抗の回転で

●エタンの配座異性体とエネルギー

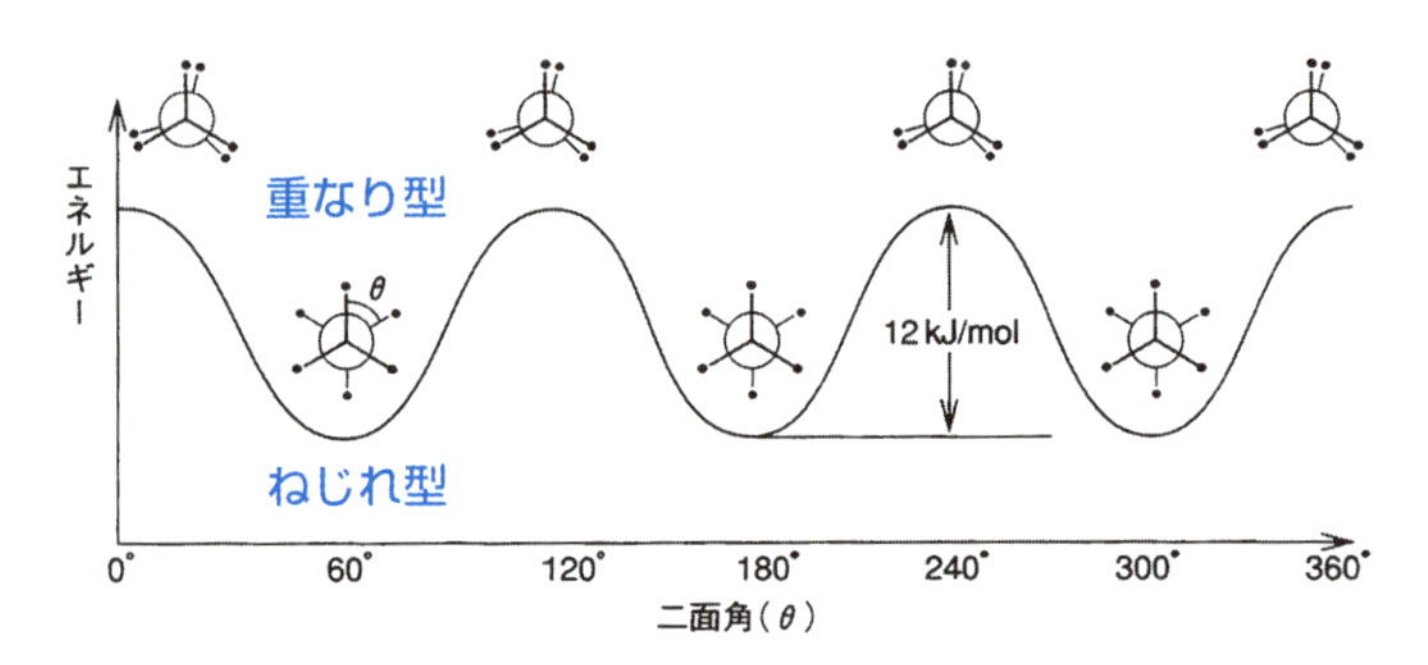


エタンの配座異性体とエネルギー

はなく、ラチェットのように、カチャッ、カチャッというような、多少の引っ掛かりを持ったものであることを意味します。

しかし、このエネルギーの山は室温のエネルギーよりはるかに小さいので、エタンの回転異性体を分離することはできません。

## 三重結合の回転

三重結合が実際に回転できるかどうかはわかりません。しかし、三重結合に結合する2個の原子団(置換基)X、Yは三重結合に必ず一重結合で結合しています。

したがってXを固定してYを回転することができたからと言って、三重結合が回転したのか、それとも単に一重結合が回転したのかは検証のしようがありません。

そのようなことはともかく、三重結合に結合した2個の置換基は、事実として回転できます。

## 二重結合の回転

二重結合は平面性を重視する結合です。平面性が失われると、二重結合は切断されてしまいます。

図Cは先に見たシス体です。これを回転してトランス体Eにするためには途中でねじれ構造のDを経由しなければなりません。ここでは二重結合の平面性が失われ、二重結合は切断されています。これが二重結合は回転できず、そのためにシス体とトランス体が存在する理由です。

## 共役二重結合の回転

共役二重結合は何個かの二重結合が結合したものです。二重結合の部分は先に見た理由によって回転できないとしても、二重結合を結ぶ一重結合は回転してもよさそう

●二重結合の回転

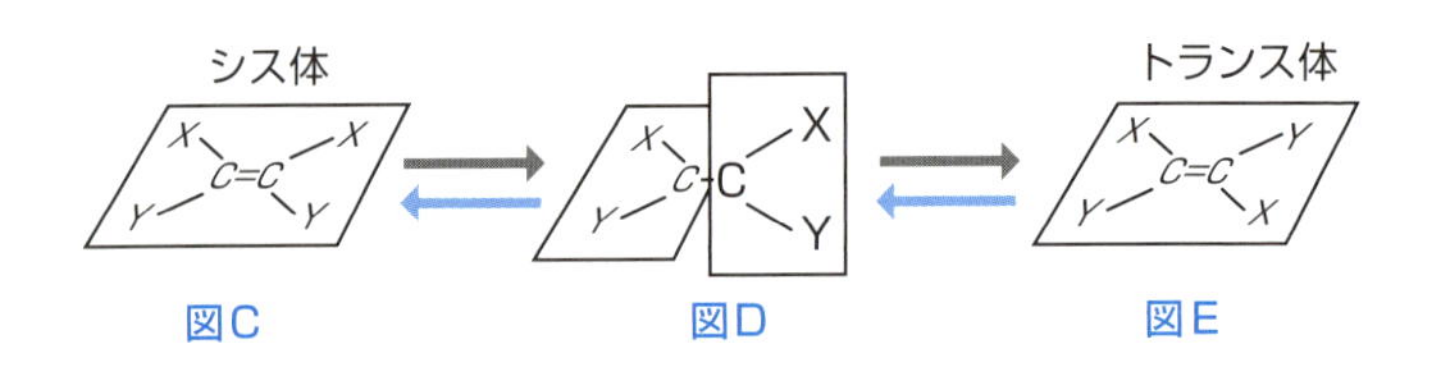

です。

図Fは普通の共役二重結合です。結合を構成する全原子が同一平面上に乗っています。図Gは両方の二重結合を一重結合部分で回転させたものです。両者の間の平面性が失われていることがわかります。このために、共役二重結合は全体に渡って回転できないのです。

## ベンゼン環の回転

次ページの図の分子Hはベンゼン環と三重結合で組み立てられた枠の中にベンゼン環が三重結合を支柱として固定されているものです。このベンゼン環は支柱を軸として回転することができます。枠の中でコマが回転する地球ゴマに似ています。

回転するためのエネルギーは熱エネルギーです。した

●共役二重結合の回転

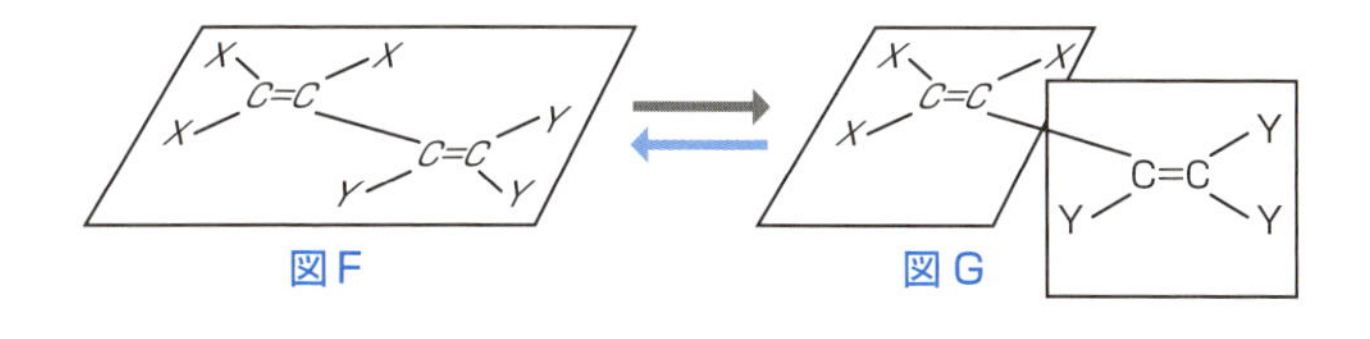


図F　図G

がって、高温ならば高速回転、低温ならば低速回転であり、絶対0度まで冷やせば回転は止まることになります。

この分子には人間の意思で回転を強制的に止めるためのストッパーが着いています。分子Hの左上の方にN=N二重結合に着いたベンゼン環があります。このN=N結合はシス型です。しかし、これに紫外線を照射するとトランス体Iになります。こうなるとN=N二重結合に着いたベンゼン環と、回転しているベンゼン環が衝突することになり、回転はストップされてしまいます。

●ベンゼン環の回転

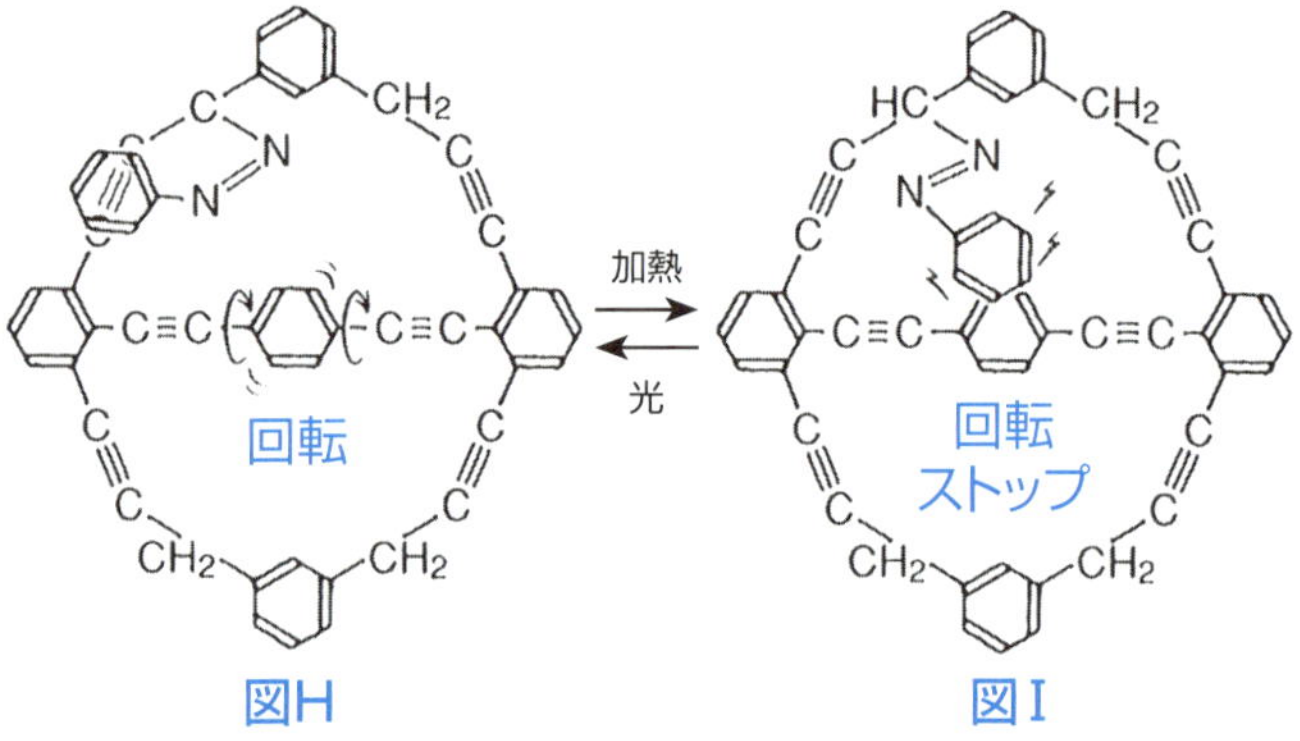

図H

図I

# 分子ハサミ

機械を作る場合にはいろいろの部品が必要です。回転できる部品もその1つです。ボールベアリングのように滑らかに回転する部品があると、機械の設計、組み立ても容易になります。

## フェロセン

フェロセンという分子は先にChapter.4で簡単に紹介した分子です。フェロセンは炭素と水素でできた5角形の陰イオン分子、シクロペンタジエニル陰イオン$(C_5H_5)^-$と鉄イオン$Fe^{2+}$からできたイオン性の分子です。

構造は次ページ図に示したように、2個のシクロペンタジエニル陰イオンで1個の鉄イオンをサンドイッチした構造になっています。シクロペンタジエニルアニオンがー1価、鉄イオンが+2価ですから、フェロセンは全体として電荷が中和され、電気的に中性です。

この分子は中央の鉄イオンを支点として上下の5員環が自由に回転できます。つまりボールベアリングのような働きをするのです。

## 分子ハサミ

フェロセンの5員環に置換基を着けて、図のような分子を作ってみましょう。つまり5員環の一角に長い分子鎖Rを着け、反対側にクラウンエーテルを着けるのです。この分子を上から見た簡略図が

●フェロセン

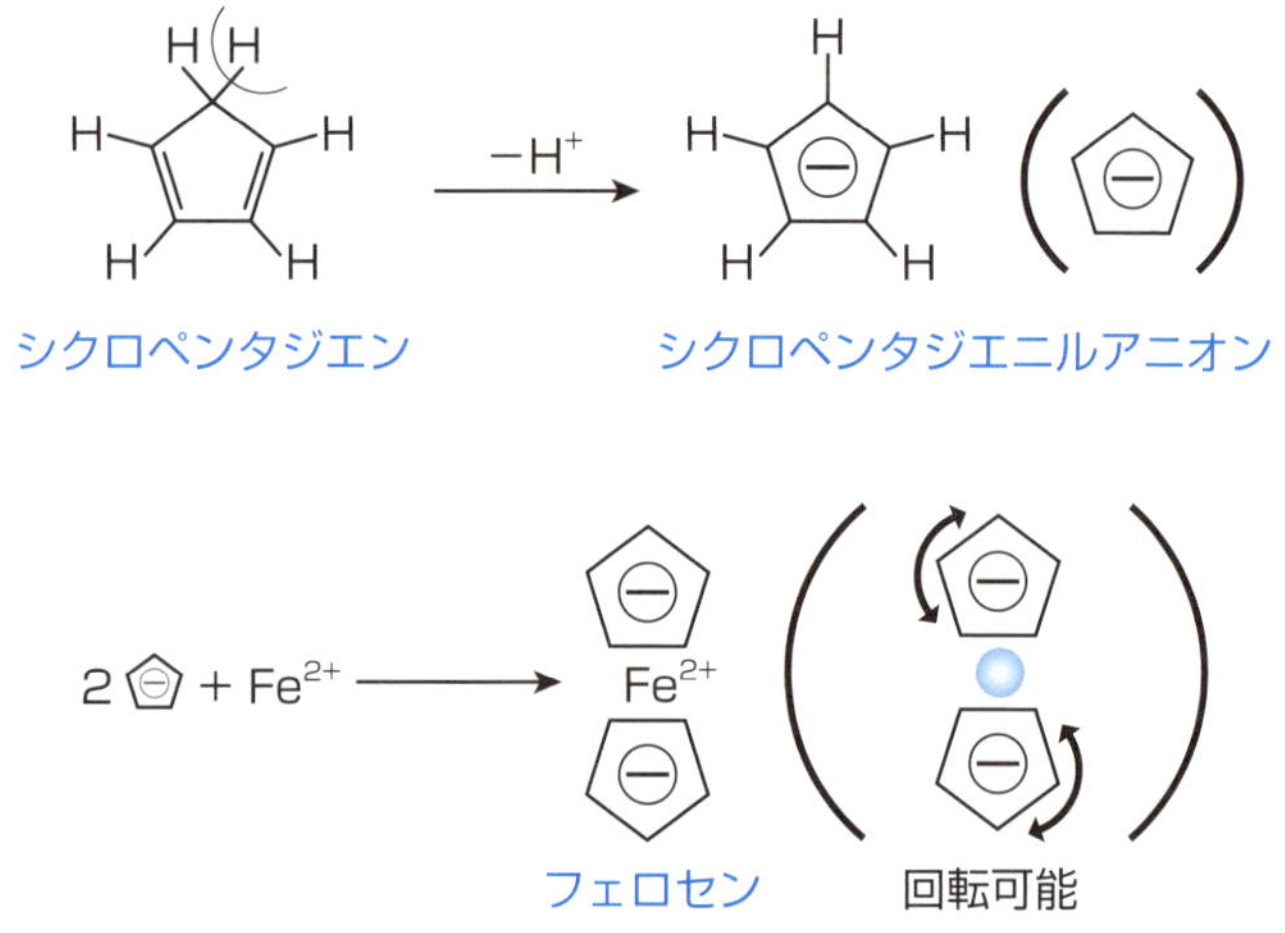

Aです。クラウンエーテル部分を握り、X部分を刃、フェロセンが支点とするとまるでハサミのように見えるのではないでしょうか。

図Aでは握りの部分が開いているので刃の部分も開いています。しかし、握りの部分を閉じれば刃も閉じて、物を切るのは無理ですが、ペンチのように物を挟むことはできます。

それでは、握りの部分を閉じるにはどうすれば良いでしょうか？　簡単です。金属イオン$M^+$を加えれば良いのです。すると先に見た分子ピンセットと同じように、2個のクラウンエーテルは金属イオンを捕まえようと互いに近寄ります。つまり握り部分は閉じ、刃の部分も閉じて、分子を挟んで捕まえることができることになります。

●分子ハサミ

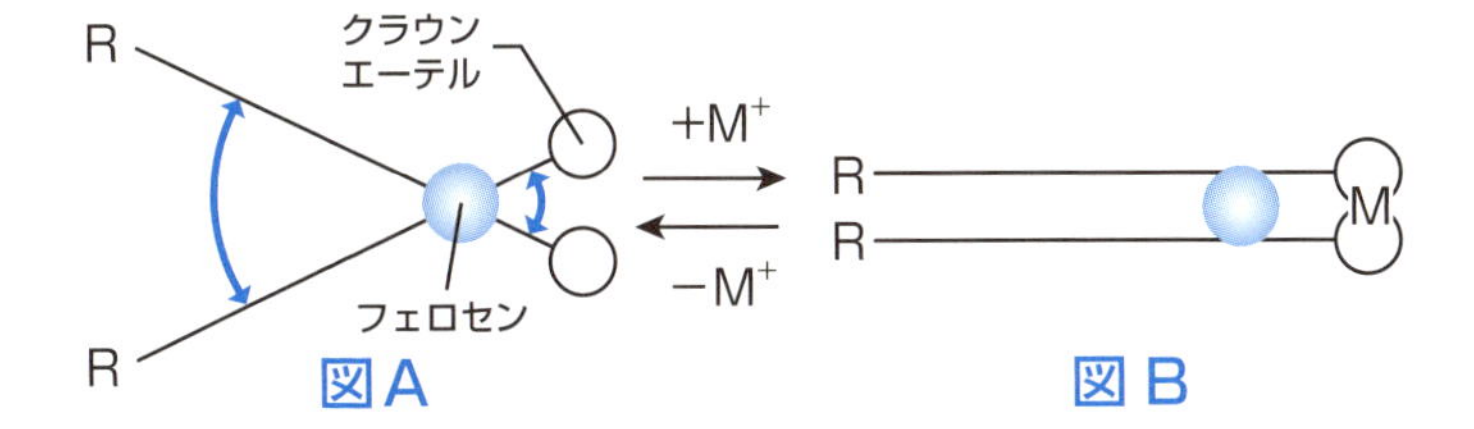

# 分子折尺

折尺（おりじゃく）とは、まだ巻き取り式のメジャー（巻尺）が一般的でなかった頃に、使われていた携帯式の長尺定規です。長い定規を短く切って両端をハトメと呼ばれる回転可能なビスで止めて作った定規です。たたむと幅2㎝長さ20㎝ほどになり、伸ばすと2〜3ｍになる物でした。大工さんや建築関係の人はステータスのように胸のポケットに挿していたものです。

分子折尺の概念と構造は単純です。図のフェロセンのようにできる分子を直鎖状の分子で繋いだだけです。伸ばせば全体が長い鎖状の分子になりますが、たためば短いコンパクトな分子になります。

## ●折尺（おりじゃく）

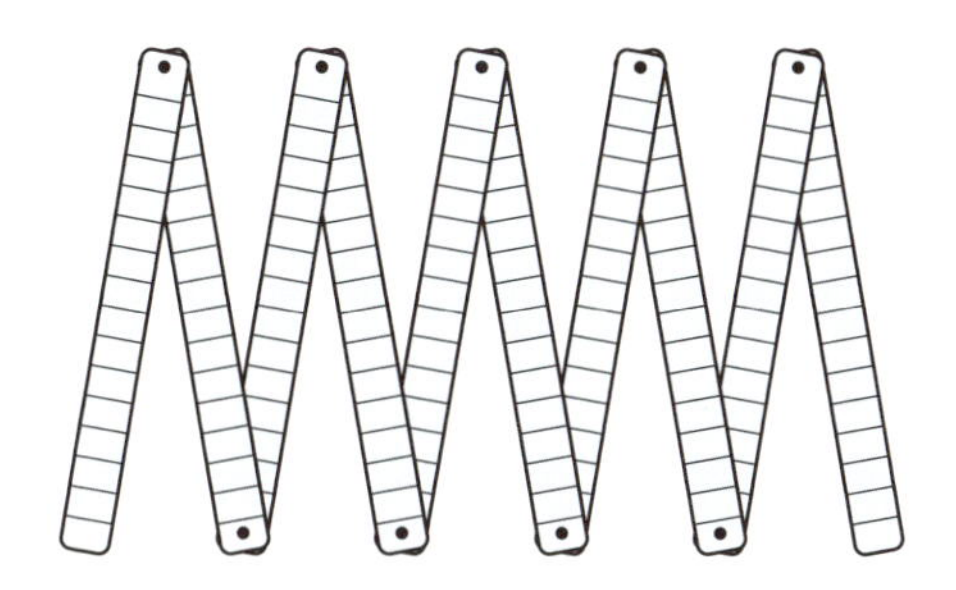

## ●分子折尺

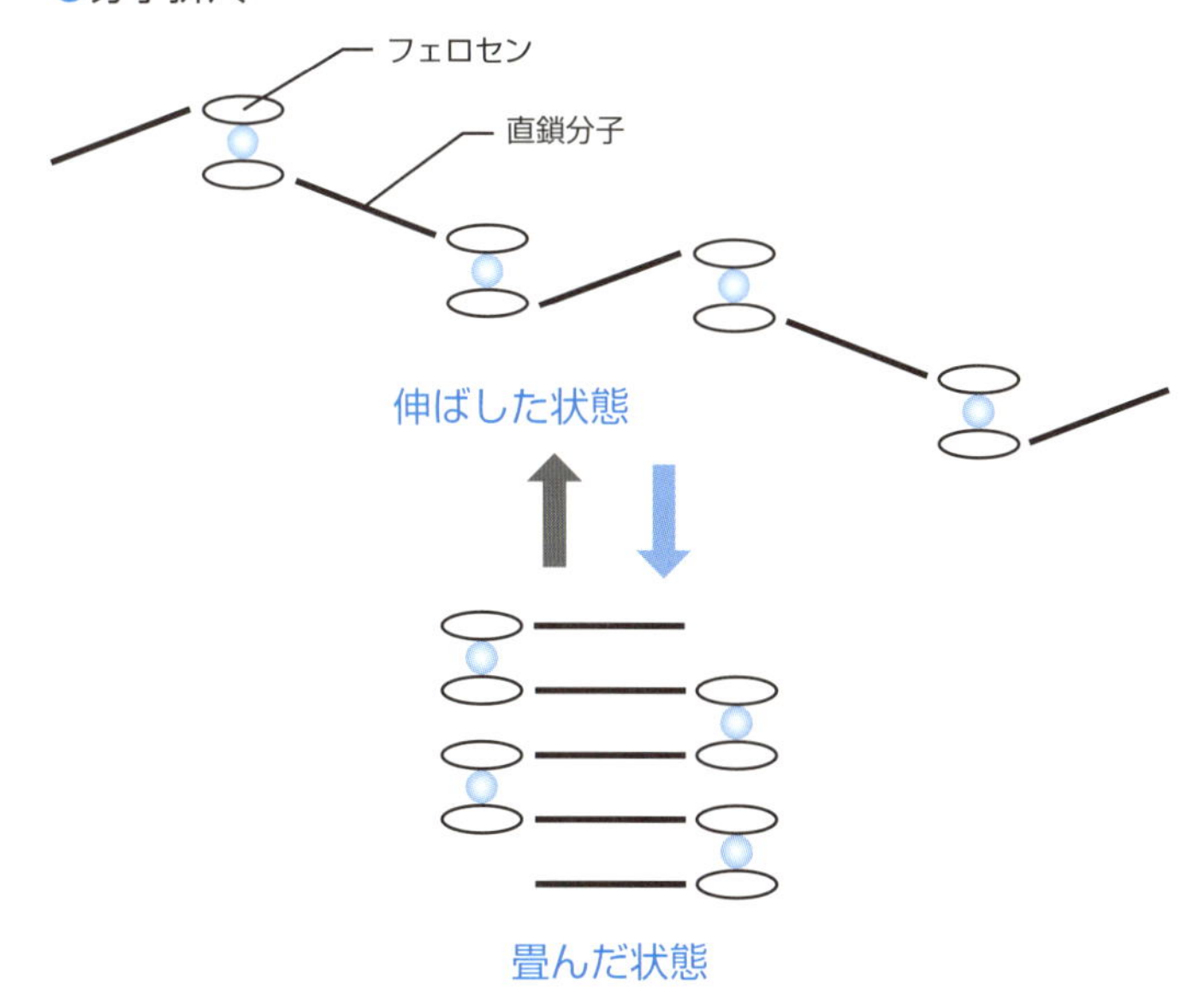

# 分子車輪

機械にとって移動できることは重要です。現実の機械を考えた場合、移動するための手段はいろいろあります。「船のように液体に浮かんで移動する」「ソリのように滑って移動する」「飛行機のように空中を移動する」などの手段がありますが、最も一般的なのは車輪を回転させるものでしょう。

磁石による吸引あるいは反発で移動する場合には滑らかな面を滑るのも良いでしょうが、それにしても車輪があった方が移動はスムースに運びます。

## 回転

車輪の条件は円形で回転できることです。回転できるということなら、先に見たフェロセンは最適でしょう。ほとんど何の抵抗も無く回転できます。しかし、フェロセンではタイヤが5角形です。5角形のタイヤがガッタンガッタンと回転したのでは、乗り心地がどうこう言う前の段階です。

## 円形

それでは円形の分子は無いでしょうか？ すぐ思いつくのは、円形ではないものの、球形の$C_{60}$フラーレンです。これならタイヤの役に立つのではないでしょうか。フラーレンに炭素鎖を結合して、これを軸として回転させれば車輪として使うことができるでしょう。

カーボンナノチューブも断面は円形

●円形の分子

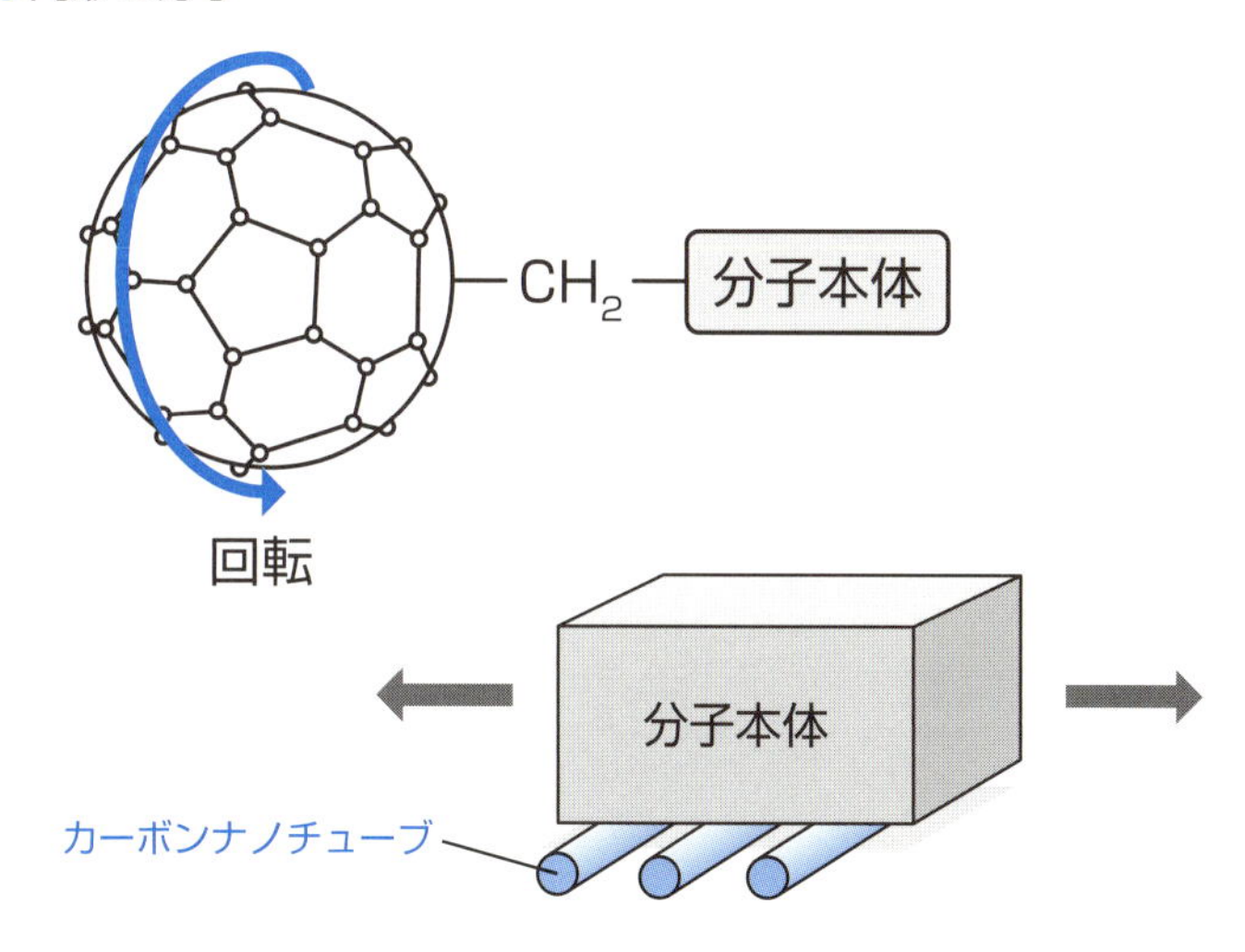

です。ただしチューブ状で長いので車輪として使うには向きません。しかし、昔は石などの重い物を移動するときには下に丸太などのコロを敷き、その上を転がして運びました。カーボンナノチューブなら、コロの役には立ちそうです。

## ストッパー

車輪で移動する場合に大切なのはブレーキとストッパーです。ブレーキはともかくとしてストッパー付の車輪としては適当なものがあります。

図Aの分子はフェロセンを大きくしたような分子です。金属イオンとして鉄ではなくセレンCeを使っています。フェロセンの5員環の代わりに大きく複雑な形の環状分子が着いています。

●ストッパー

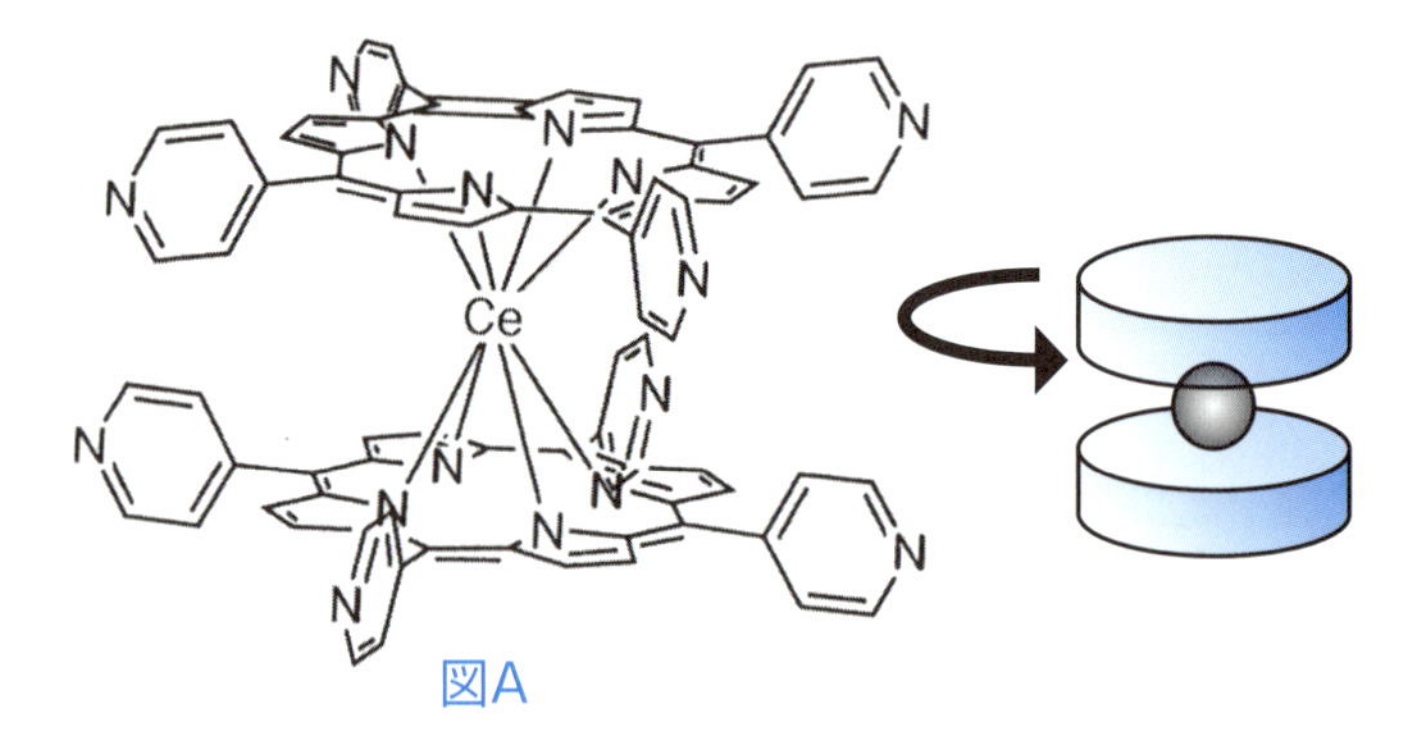

図A

図Bはこの分子を真上から見た図です。下の環状分子を固定して上の環状分子が回転していると考えてください。この回転を止めるにはどうすれば良いでしょうか？

●ブレーキ

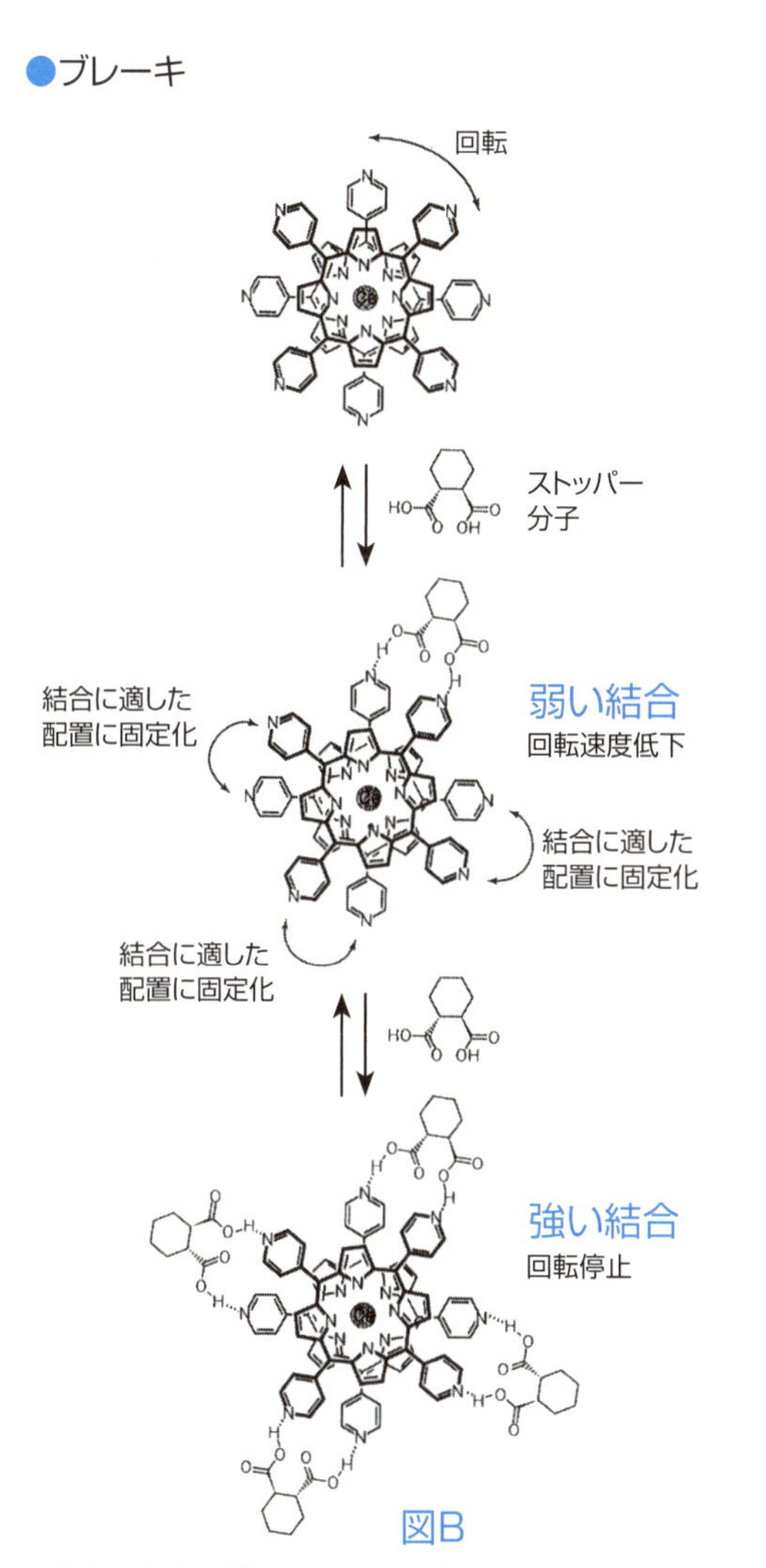


図B

※ダブルデッカー錯体のアロステリズム　M. Takeuchi, T. Imada, S. Shinkai, angew. Chem. int. ed.,37,2096(1998)をもとに作成

図のようなストッパー分子を作用させるのです。ストッパー分子は上と下の環状分子の窒素原子に水素結合します。上と下の環状化合物は連結されますから、上の環状化合物は回転することができなくなります。しかし、水素結合の力は弱いので、ストッパーが1個だけなら、振り払って回り続けるかもしれません。しかし、ストッパー分子は４箇所に結合できます。これだけ結合されたら、分子も回転を止めるでしょう。

## ブレーキ

実は、先の説明の中にブレーキのヒントが隠されています。ストッパーが1個働いただけでは止まらないということです。

しかし、ストッパーを振り払うためには回転速度が落ちます。つまり、ブレーキは、ストッパーの個数を制御すれば良いのです。

具体的には、加えるストッパーの濃度を変化させれば良いだけです。これでブレーキとストッパーの問題は同時に解決できたことになります。

# 分子モーター

機械にとって回転することは重要ですが、ただ回転すれば良いと言うものではありません。回転する方向が定まっていなければなりません。右回転になるのか左回転になるのかはその時の気分しだいというのでは機械として困ります。回転の方向を制御した分子モーターの例を見てみましょう。

## 分子モーターのコンセプト

回転の方向を制御する簡単な方法は、反対方向の回転が起きないようにストッパーを付けておけば良いことになります。工具のラチェットと同じ考えです。これは図のような非対称な歯を持つ歯車であり、右回転

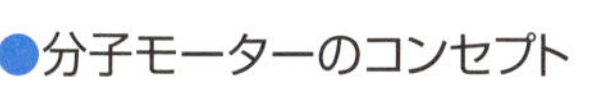
●分子モーターのコンセプト

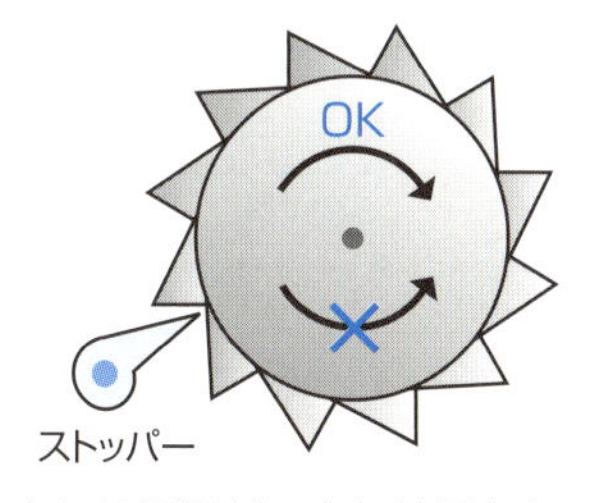


右には回るが、左には回れない

をする場合にはストッパーは邪魔をしません。つまり、右回転はできます。しかし、左回転をしようとするとストッパーが歯車に食い込み、回転を停止させます。つまりこのラチェットは右回転しかできない構造になっているのです。

この様なストッパーの機能を分子にどのようにして持たせるか、それが問題です。

## 分子モーターの構造

図は分子モーターの一例です。基本は2枚の曲がった短冊形の分子を2個（白色と灰色）、二重結合で連結したものです。図のAをトランス型としましょう。これに光を照射すると二重結合がシス・トランスの異性化を起こしてシス体Bになります。

●分子モーターの構造

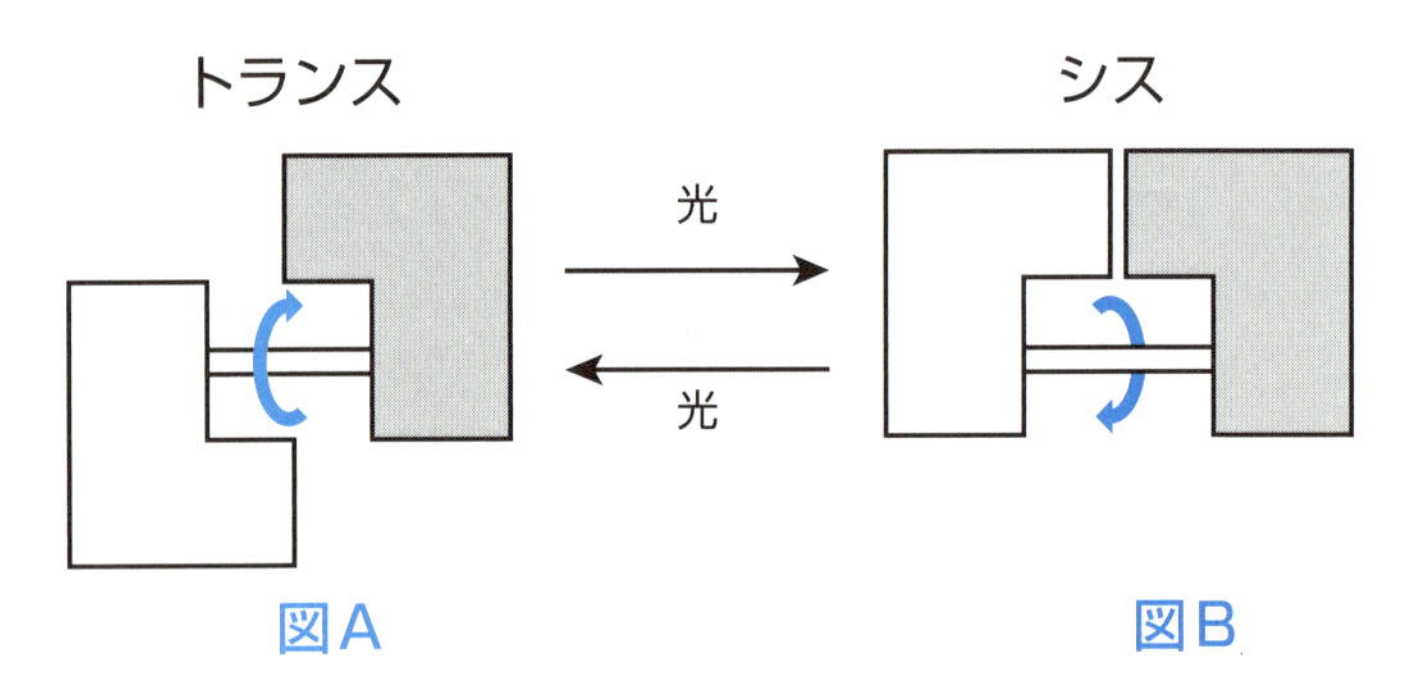

シス・トランス異性は先に見たように二重結合の回転によって起こります。このとき、灰色の部分を固定して白色の部分が回転したとすると、回転の方向は当然2通りあることになります。

図に示した回転方向はこのうちの一方向です。それでは、この方向の回転だけが起こるようにするにはどうしたら良いでしょうか？

●二重結合

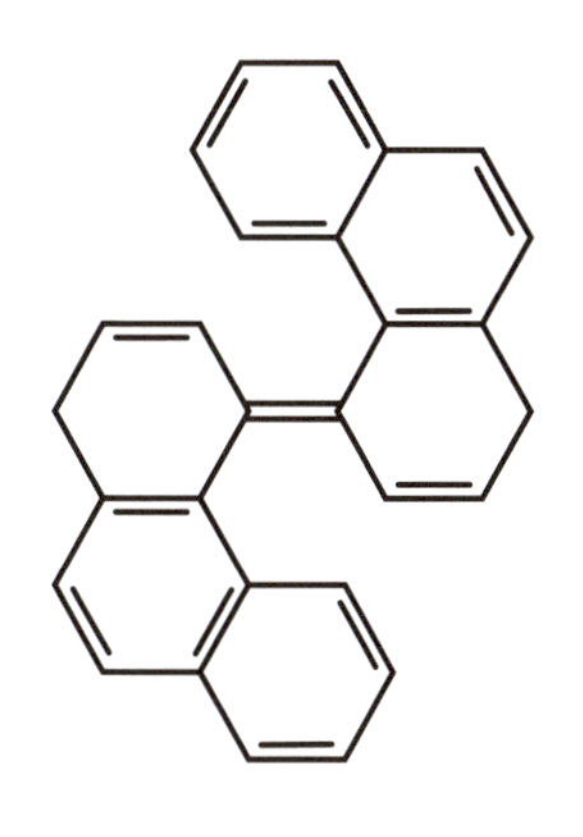

回転方向を制御するために短冊（分子）の端に立体的にかさばるメチル基$CH_3$をつけておきます。このようにして作った分子が次ページの図Cです。図のCではメチル基と反対の分子がぶつかって、平面構造をとることができません。そのため、二重結合がねじれ、両方の短冊もねじれています。つまり、白色短冊のメチル基は灰色短冊の裏側に潜っており、灰色短冊のメチル基は白色短冊の上にかぶさっています。

## 回転制御

回転の様子を順を追って見てみましょう。

❶分子Cに光を照射します。二重結合は回転して異性化を起こしますが、メチル基と短冊の衝突を避けるためには図に示した方向に回転するしかありません。

❷回転の結果シス体のDになりますが、この状態では短冊同士がぶつかって分子は

●回転制御

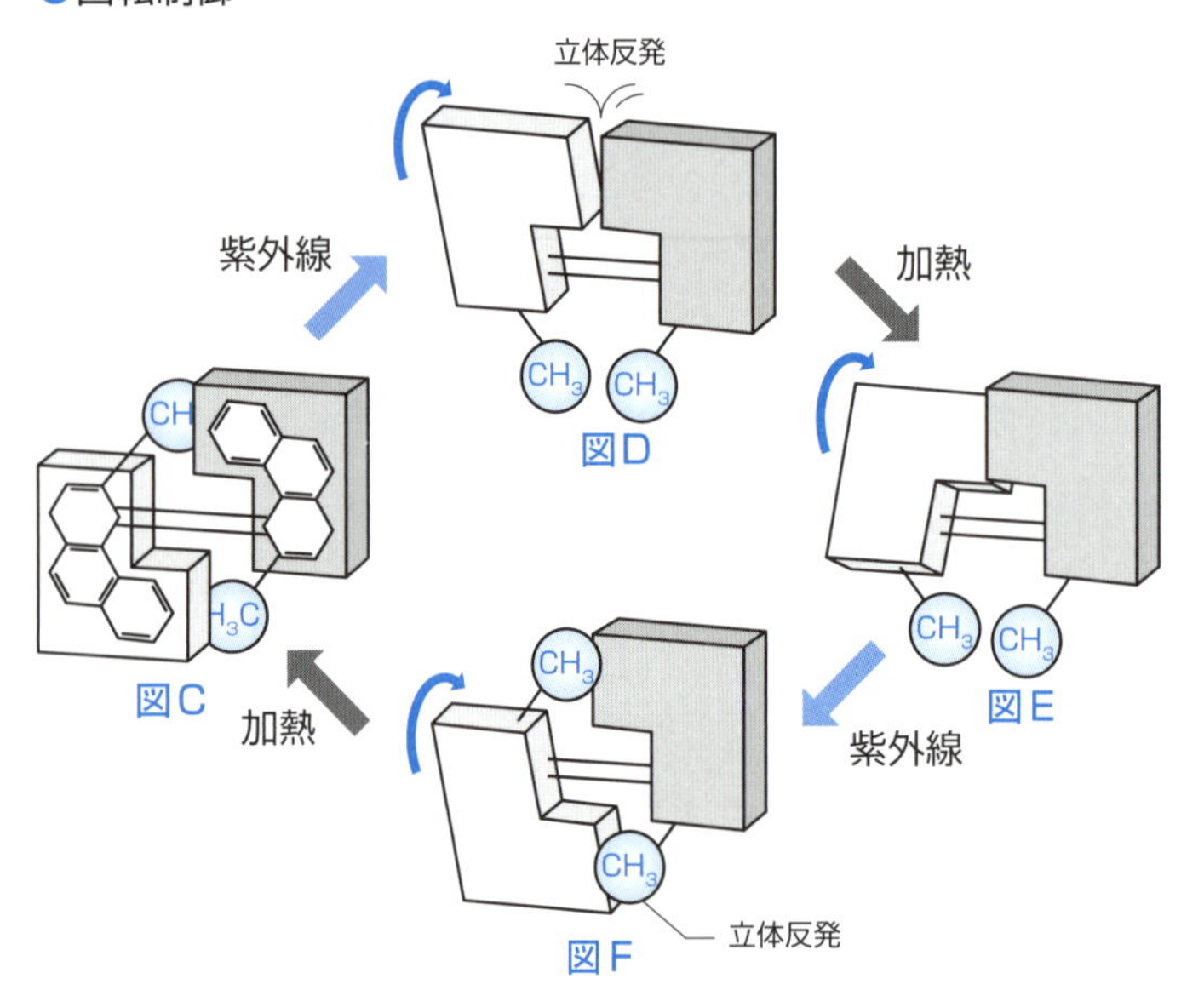

平面になることができません。つまり、完全なシス体にはなっていないのです。

❸ここで分子を20℃ほどに加熱します。すると、その熱エネルギーによって衝突は乗り越えられ、短冊の端が上下入れ替わったEになります。

❹ここで再度光照射すると、二重結合は異性化を起こしてトランス体Fになりますが、今度はメチル基と短冊が衝突して回転は止まってしまいます。

❺ここで分子を60℃ほどに加熱すると、衝突は乗り越えられ、メチル基と短冊の上下関係が入れ替わって、出発状態のCに戻ると言うわけです。

このようにして、分子は一定方向にだけ回転することになるのです。なかなか巧みな方法ではないでしょうか？

# Chapter. 7
# 分子自動車

# SECTION 27 分子一輪車

機械の要素をたくさん兼ね備えており、しかも誰でも知っている機械は自動車です。そのようなこともあってか、大型で複雑な分子機械は自動車関係に多いようです。いくつかの例を見てみましょう。

## 一輪車

車輪を回転させて進む乗り物として、最も車輪の少ない物はもちろん一輪車でしょう。現実世界では一輪車も活躍していますが、それは実用的な乗り物というよりは、土砂などの荷物運搬用車などということができるでしょう。あるいはサーカスなどでピエロが乗るボールも一輪車と言えるかもしれません。その様に考えたら、分子機械での一輪車は、すでに完成していると言って良いでしょう。

先に見た$C_{60}$フラーレンです。これはまさしく、ピエロの乗るボールそのものです。ということで、分子自動車としての第一関門である分子一輪車は完成と見て良いのではないでしょうか?

## 二輪車のコンセプト

一輪車の次は二輪車です。現実社会での二輪車の代表は自転車でしょう。自転車は2個の車輪で進行しますが、その進行方向と車輪の連結方向は一致しています。このような車体は分子機械ではまだ完成していません。自転車は乗るのも難しくて大変ですが、分子で作るのも大変なようです。

同じ二輪車でも、車輪の連結方向と車体の進行方向が直交している物があります。荷物を運ぶ手車の二輪車や、ローマ時代の戦争で馬に挽かせた戦車、あるいは自動二輪車のセグウェイなどです。このような二輪車を分子で作ることはできないでしょうか?

これは作る気になれば簡単にできるでしょう。最も簡単に考えれば、2個の車輪を繋げばよいだけです。車輪は$C_{60}$フラーレンでよいでしょう。単純にするのなら、$C_{60}$

フラーレン2個を三重結合で繋げばよいでしょう。

しかしこれでは、これに乗るには車軸である三重結合に乗っていなければなりません。多少の乗り心地の改善を狙うなら、車軸を何かでカバーして、その上に乗ることを考えてはどうでしょうか？

それには先に見た分子ネックレスを応用することです。車軸を長くし、それをロタキサンのコンセプトを用いてシクロデキストリンの桶に通すのです。こうすれば、シクロデキストリンに乗っていれば良いのであり、車軸の回転からは解放されることになります。

### ●二輪車のコンセプト

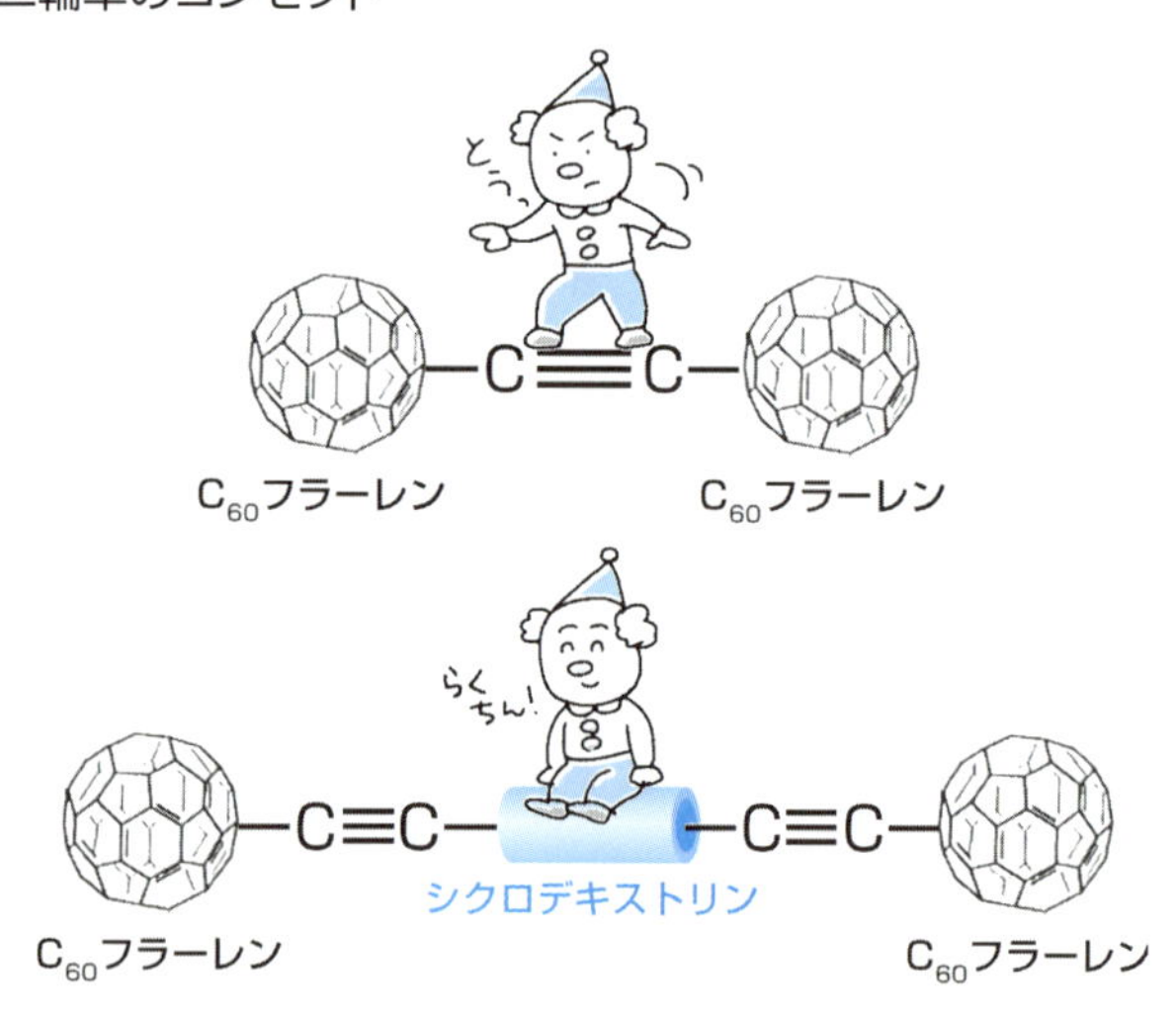

# 分子三輪車

三輪車は言うまでも無く3個の車輪を持った車体です。三輪車ですぐに思いつくのは子供の乗る三輪車でしょう。昔は小型の荷物運搬用自動車で三輪の三輪オートバイなる乗り物がありましたが、安定性が悪いなどの理由で姿を消しました。最近は自転車の後輪を二輪にした三輪自転車がお年寄り用などとして開発されているようです。

## 分子三輪車

現実世界での三輪車は全て車輪の方向と、車体の進行方向が一致しています。つまり、3個の車輪は全て平行に結合しています。

実は分子自動車の世界でも三輪車は作られています。しかし、それは現実社会での三輪車とはだいぶ違います。次の図の構造を見てください。これは$C_{60}$フラーレンを車輪として、それに三重結合などを車軸として結合した単位分子を作ります。その上で、この部品(単位分子)3個を放射状に結合したものです。

## 分子三輪車の進行

これは確かに車輪が3個の車体ですから、誰が何と言おうと三輪車であることに間違いはありません。しかし、これで特定の一方向に進行することができるでしょうか？　残念ながらできません。定位置で回転することしかできないでしょう。実際に、この分子を金の結晶の上に置き、その動きを観測しました。予想の通り、その場でクルクルと回転するだけ

●分子三輪車

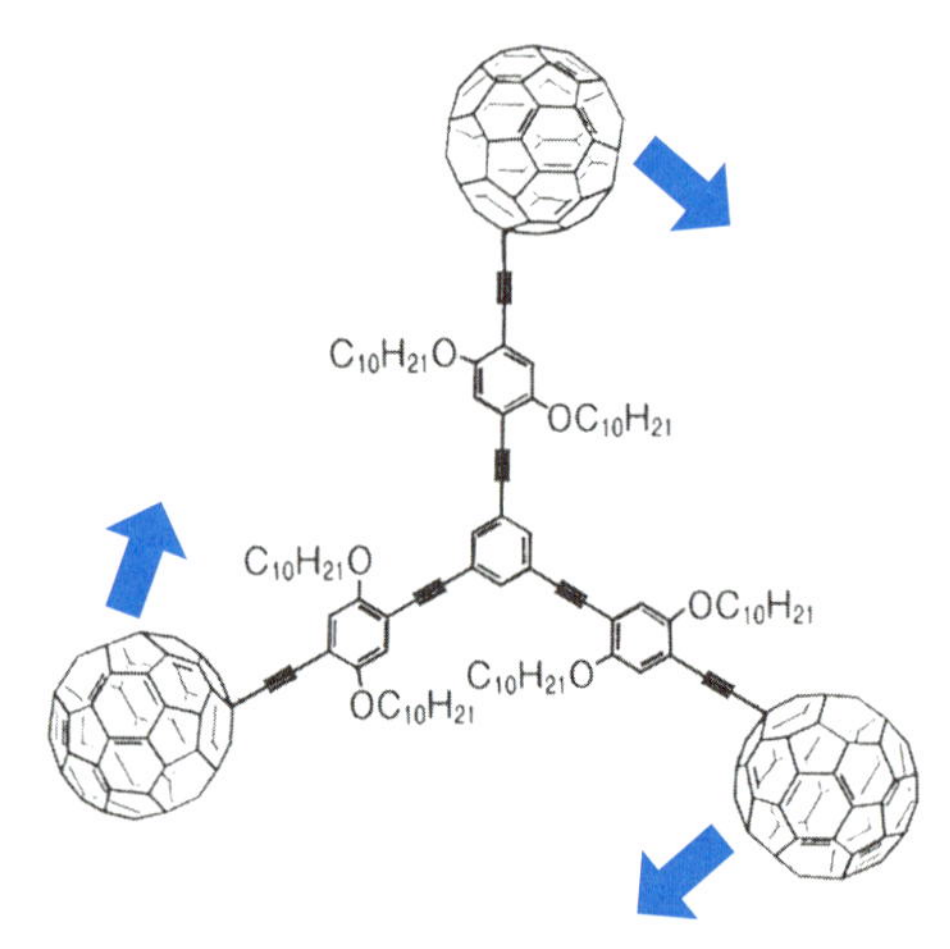

でした。

予想の通りの結果でつまらないと言うのは簡単です。しかし、実験結果のそのような受け取り方、評価からは新しい研究は生まれません。この結果には重大な知見が含まれているのです。

なぜ、この三輪車は一定位置で回転を続けたのでしょうか？　この車体の動き（位置移動）が単なる熱振動、あるいは金の結晶の表面を滑ったようなものなら、回転運動にはならなかったはずです。

回転運動になったのはなぜでしょう？　それは予想の通り、車輪の$C_{60}$フラーレンが車輪として回転したからに他なりません。つまりこの実験は$C_{60}$フラーレンが車輪として車軸分子の回りを回転し、それによって分子全体を回転方向に移動させたということを意味します。その化学的な意味は非常に大きいと言うことができるでしょう。

人を動かすときに「褒めて使え」という言葉があります。科学も全く同じです。実験結果を発表するときには、その結果の持つ意味を最大限汲み取って、その実験を「褒めてやる」ことが大切です。それでこそ、実験結果も「その科学者」の下で生まれたことを喜ぶことでしょう。

# 分子四輪車

昔から自動車の本流は４輪車です。剛直な骨組みに連結した４個の平行な回転方向の車輪を持つものこそが自動車に相応しいものなのではないでしょうか?

実はそのような構造を持つ分子、分子自動車、控えめに言うなら分子シャーシーは既に作られています。

## 分子自動車の構造

分子自動車の典型的な構造は図のような物です。これは合成計画の分子ではありません。実際に既に合成されている実在の分子です。

## 一分子自動車

　ただし、この分子自動車は超分子、つまり複数個の分子の集合体ではありません。全ての部分が化学結合で結合しています。外れる箇所は一カ所もありません。つまり正真正銘の〝一〟分子なのです。この自動車は正真正銘の一分子自動車、一分子マシンなのです。

　構造の詳細は言うまでもないでしょう。4個の車輪はいずれも$C_{60}$フラーレンです。2個の車輪を連結する車軸は三重結合とベンゼン環が結合したもので、回転は自由ですが、曲がることは無いというものです。

●分子自動車

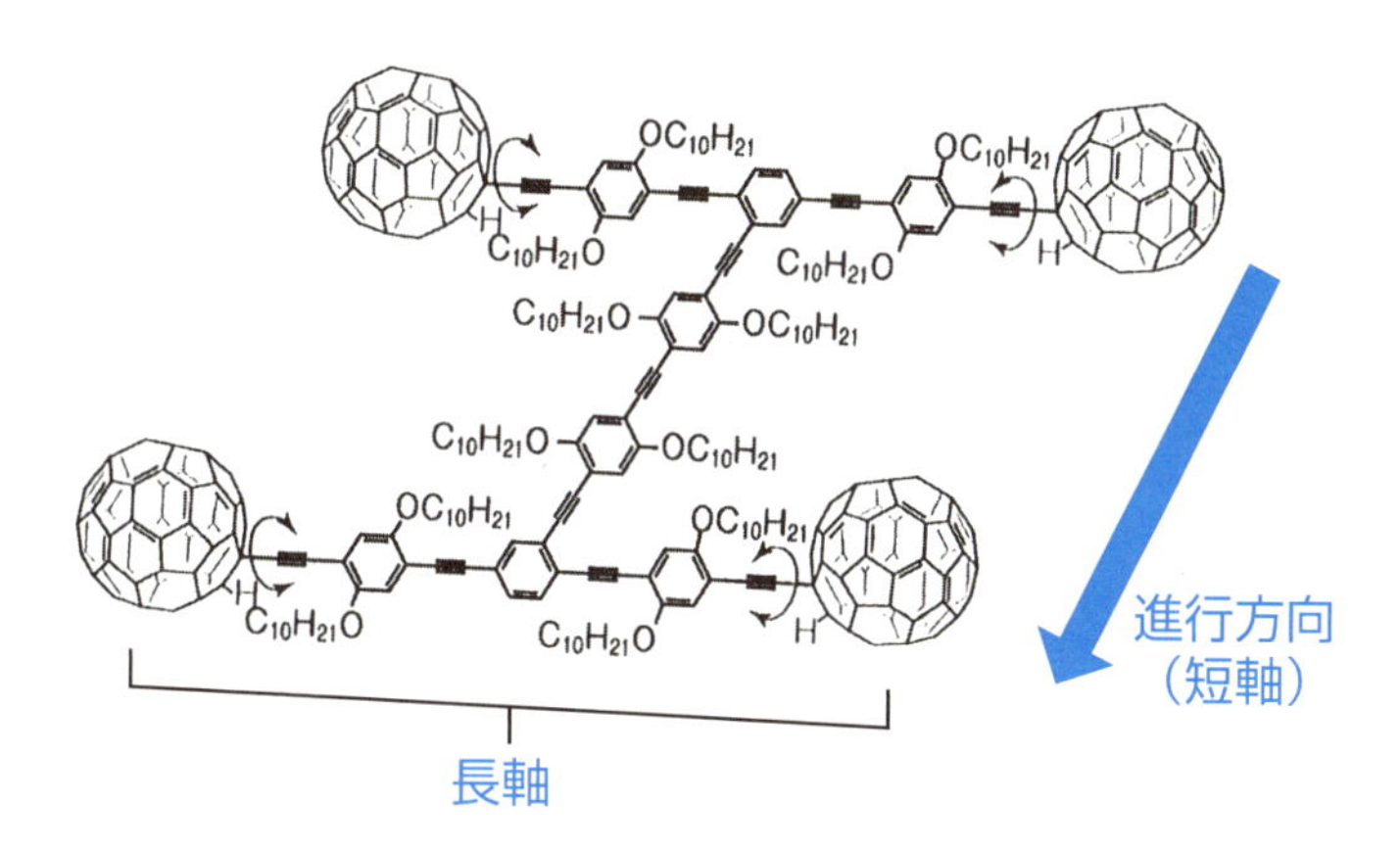

2本の車軸を連結する結合も三重結合とベンゼン環の結合したものであり、曲がることはありません。その意味でこのシャーシーは非常に剛直なものと言うことができるでしょう。

## 髭ボウボウ

ただし、この分子には全てのベンゼン環に$OC_{10}H_{21}$という原子団（置換基）が着いています。図では$OC_{10}H_{21}$と書いてありますから邪魔にはなりませんが、これを他の結合と同じような書式で表すと炭素数10個からなるかなり長いひげ状のものになります。つまり、このシャーシーは、このような髭ボウボウのものだと思ってもよいかもしれません。

化学者は、自分の言いたいことを強調するため、許される限りいろいろの書式を用います。それは決して悪いことではありません。その様な書式によって、問題の本質が明らかになってくるのです。しかし、些末ではあっても欠点が隠されることもあります。化学者同士なら、それに気づかない方が悪いのです。しかし、一般の人の場合には、それを指摘することも必要なのではと思って、あえてご説明した次第です。

## 分子自動車の走行

分子自動車は、もちろん究極に小さい構造物です。目で見ることなど望むべくもありません、顕微鏡でも見えるはずはありません。電子顕微鏡によってようやく概略がわかる程度です。今回の自動車では、4個の$C_{60}$フラーレンの「車輪」の位置がわかるだけです。

実験ではこの分子を金Auの結晶の一面上に置いて、その移動の様子を観察しました。図は、その時の車輪の移動の軌跡を表したものです。注意してもらいたいのは、この分子では車体の予想される進行方向の長さ（車体の縦の長さ）

●分子自動車の走行

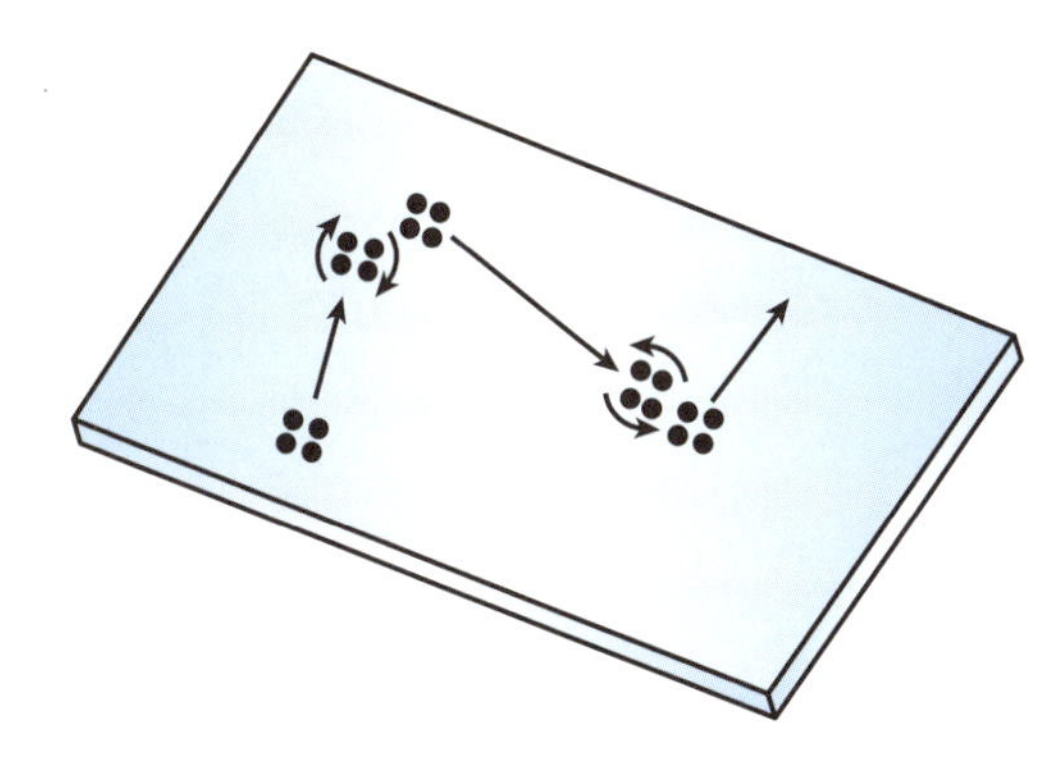

※ナノカーとその動き.
Y.Shirai, A. J. Osgood, Y. Zhao, K. F. Kelly, J. M. Tour, Nano Lett., 5, 2330(2005)をもとに作成

は、車体の横の長さより短いということです。

矢印を見ればわかる通り、車体は短軸方向に進んでいます。これは、この移動が金属表面を滑ったことによるものではなく、車輪を回転させたことによるものであることを示しています。また、進行方向を変える場合にはきちんと車体を回転させていることもわかります。

いかがでしょうか。分子マシンはここまで進歩しているのです。

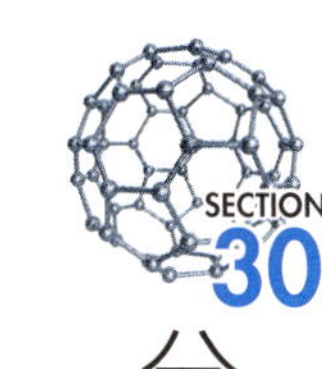


# 分子自動走行車

ここまでに見てきた分子自動車は、動力を持たないものばかりでした。現実世界で言えば手押しの一輪車、三輪車あるいは手で引くリヤカーのようなものばかりです。モーターやエンジンを持った分子自動車はありませんでした。

モーターやエンジンを備えて自動走行する分子自動車ができれば、それこそ夢の分子自動車完成ということになるのでしょうが、それは将来的にも困難でしょう。しかし、外部からエネルギーを与えれば、それで車輪を回転させて自動走行するという分子自動は既に完成しています。

## 自動走行車の構造

自動走行車の構造は図Aのようなものです。この分子構造を見ただけでは、どこが車体や車輪かわからないでしょう。この図は分子自動車を真上から見たものです。どちらが前なのかは問題にしません。車輪の回転によって進んだ方が前です。

2個のベンゼン環と2本の三重結合でできた直線構造が車体の背骨になります。その前後に左右に出っ張った部分がありますが、竿の最外側に着いている4個の分子団が車輪になります。つまり中央の5員環に2個のベンゼン環が縮合した3環構造の部分が車輪なのです。これまで見てきた分子自動車の車輪は丸いとか、球形であるとかでしたが、この分子自動車の車輪は「輪」ではありません。平面形の分子です。

●自動走行車の構造

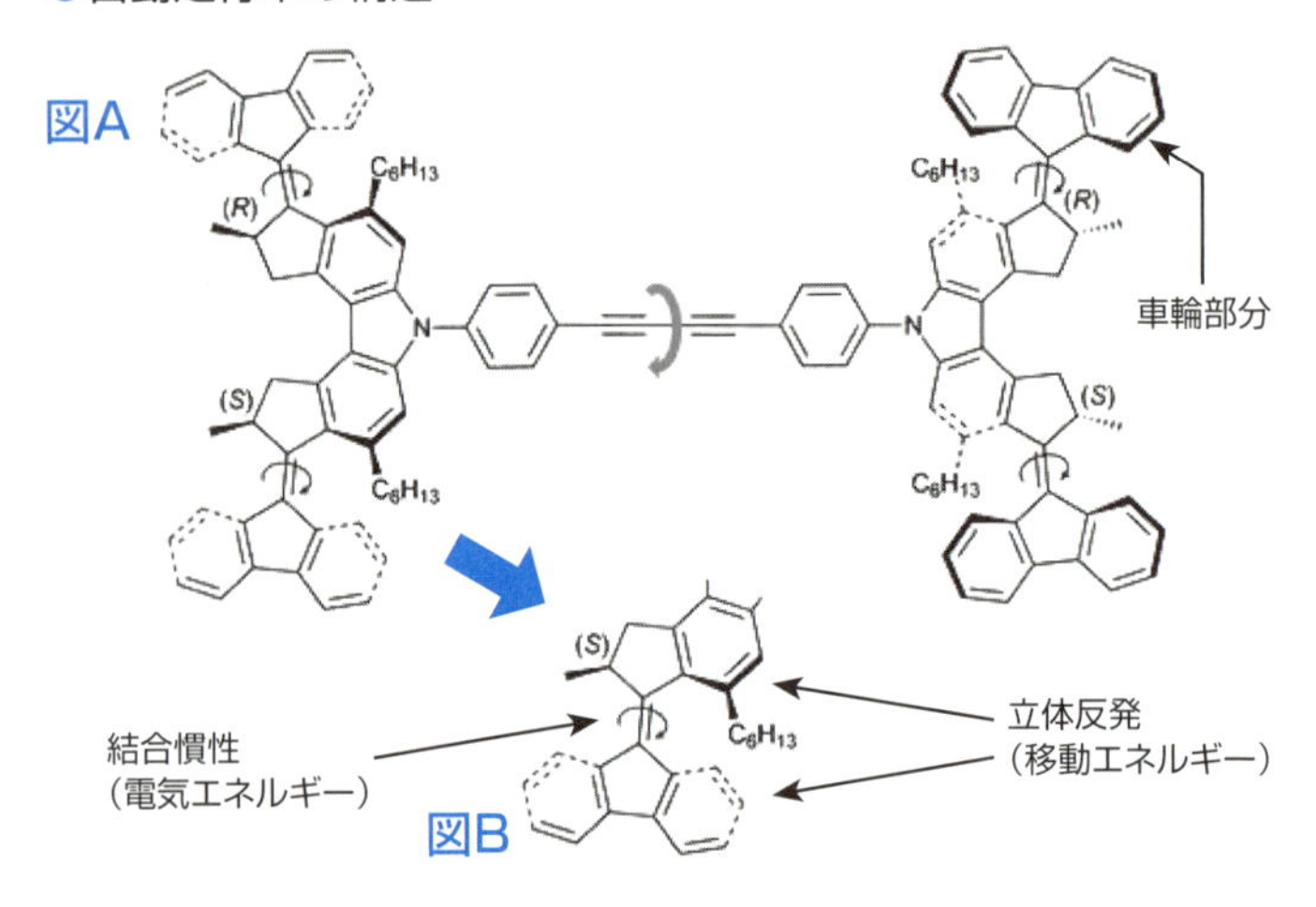


※Nature Publishing Groupより

## 自動走行車の走行

自動走行車では車輪(実は平面ですが)を自発的に回転させて走行します。そのためにはエネルギーが必要です。このエネルギーは走査型電子顕微鏡を用いて、極細のノズルの先から電気エネルギーとして供給します。そのエネルギーを貰って、この自動車は結合を切ったり再結合したりして分子構造を変化させ、車輪を回転して進行するのです。

この自動車の車輪は車体に二重結合で結合しています。この自動車は貰った電気エネルギーでこの二重結合を切って、シス・トランスの異性化を繰り返し、それで進行するのです。

## 車輪の回転

図Bは、車輪を結合する二重結合のシス・トランス異性化を表したものです。二重結合を異性化するのは電気エネルギーを電子エネルギーに変換したエネルギーです。

これで車輪がシス・トランス異性を繰り返せば、ボートがオールを漕いで進むような具合に進行します。

車輪の回転を一定方向に限定するのは、Chapter.6で見たのと同じように立体的にかさばる置換基です。半回転した車輪がこの置換基を乗り越えるエネルギーは、電気エネルギーを振動エネルギーに置き換えて行います。

## 自動車の走行

自動車が自走する様子は図Cの連続図(a〜e)で表してあります。図aでは自動車の最後尾は下の線の●の後方にあります。ところが、前後の車輪が同じ方向に角度を変える(回転する)ことによって図bでは最後尾が●に接しています。

この様な動作(反応)を繰り返すことによってこの分子自動走行車は間違いなく前方(右側)に進行しているのです。いつの日か、この自動車に分子電池のようなものを組み込むことができたら、その時こそは完全な分子自動走行車が完成したことになります。

## ●自動車の走行

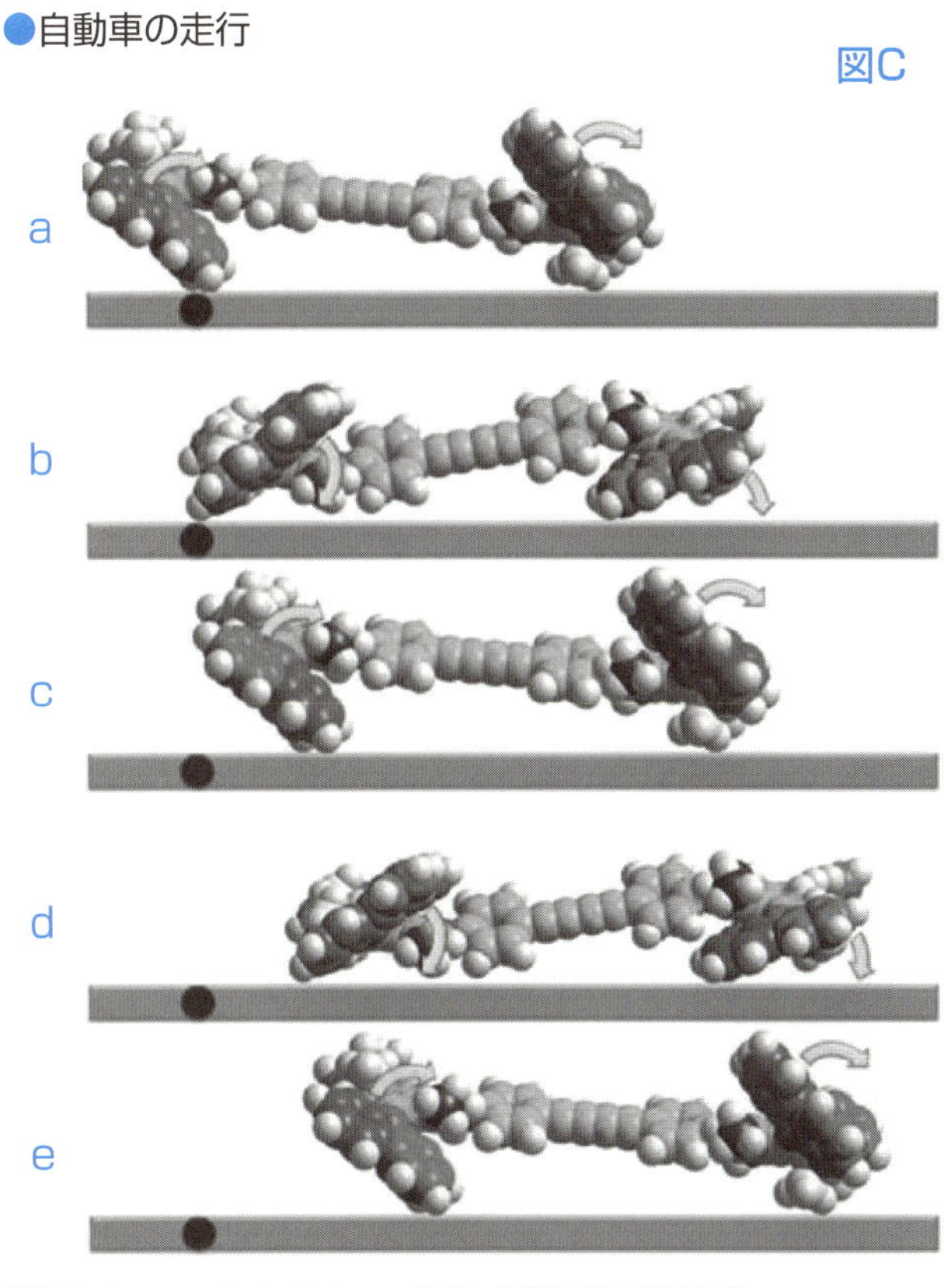


※T.Kudernac et al., Nature, 479 , 208-211(2011)

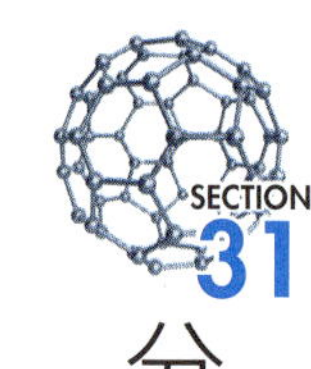


# 分子自動車レース

分子自動車（ナノカー）ができたら、それを走らせたい、走ったら競争させたいと思うのは当然かもしれません。その様なナノカーのカーレースが実際に行われました。冗談ではありません。

２０１７年４月28～30日、南フランスのトゥールーズで、３大陸から６チームが参加しました。日本からも参加しました。

## 競技ルール

各チームの車は図のようなものです。車輪とシャーシーからなる本格的な自動車型分子もありますが、これが自動車かなと思うようなものもあります。ナノカーの形に伴ってその走行方法も多様であり、車輪を回転させて進む本格的な車もあれば、バタバタと羽ばたいて進むような車もあります。日本の参加車はこのタイプのようで、正直意表を突かれる思いがします。

競技は直径8㎜の金の円盤状で行われました。まず、問題はナノカーをこの競技場に移動させることができるかということです。この移動時間も含めて全部で36時間のあいだに、ナノカーが進んだ

## ●ナノカーの各チームの車

フランス

The Green Buggy

表面との相互作用を最小限にするためにシャーシにカーブがつけられている。
走行距離：0nm

スイス

Swiss Nano Dragster

レース中に分子がバラバラに壊れないように、シンプルな構造になっている。
走行距離：133nm

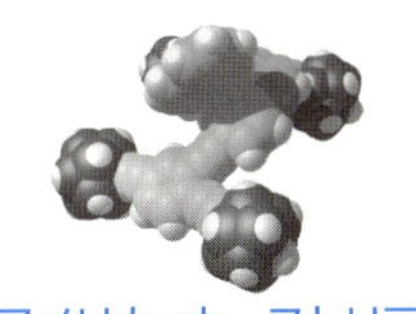

アメリカ-オーストリア

Dipolar Racer

車輪、車軸、シャーシを備えている。

走行距離：1000nm

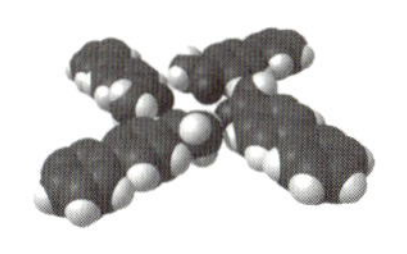

ドイツ

Windmill

4枚の羽根を持つため、4方向に舵取りが可能。

走行距離：11nm

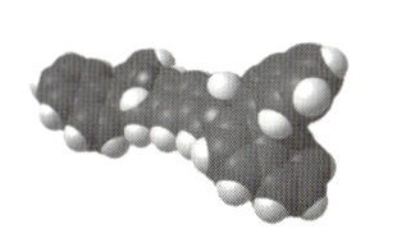

日本

NIMS-MANA car

チョウが羽ばたくようにフラップが動く。

走行距離：1nm

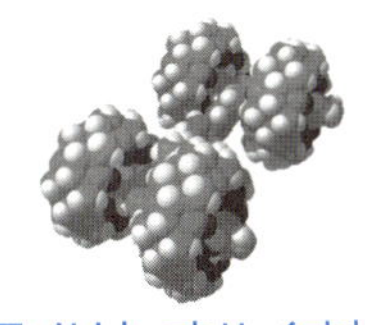

アメリカ-オハイオ州

Ohio Bobcat Nano-Wagon

カボチャ形の車輪が表面上で回転する（滑る）。

走行距離：43nm

距離によって優劣が競われました。ナノカーを動かすエネルギーは先に見た走査型電子顕微鏡によって与えるものとします。

## 結果

競技の結果は、1位は、最も長距離を走ったアメリカ－オーストリアチームであり、1000nmでした。次がスイスチームの133nmであり、後はアメリカ－オハイオ州が43nm、ドイツが11nmで続きます。フランス、日本はトラブルが起きてしまい、途中棄権となりました。

日本チームのトラブルは、電子顕微鏡からエネルギーを送る際のトラブルということで、ナノカーに直接響くトラブルでは無かったようですが、トラブルに違いはありません。このような些末なトラブルで棄権扱いになるのは残念なことです。

競技はこれからも続くようです。次回はぜひ、他を圧倒する自動車型のナノカーを引っ提げて勝利をおさめ、自動車立国を自称する日本の力を見せて欲しいものです。

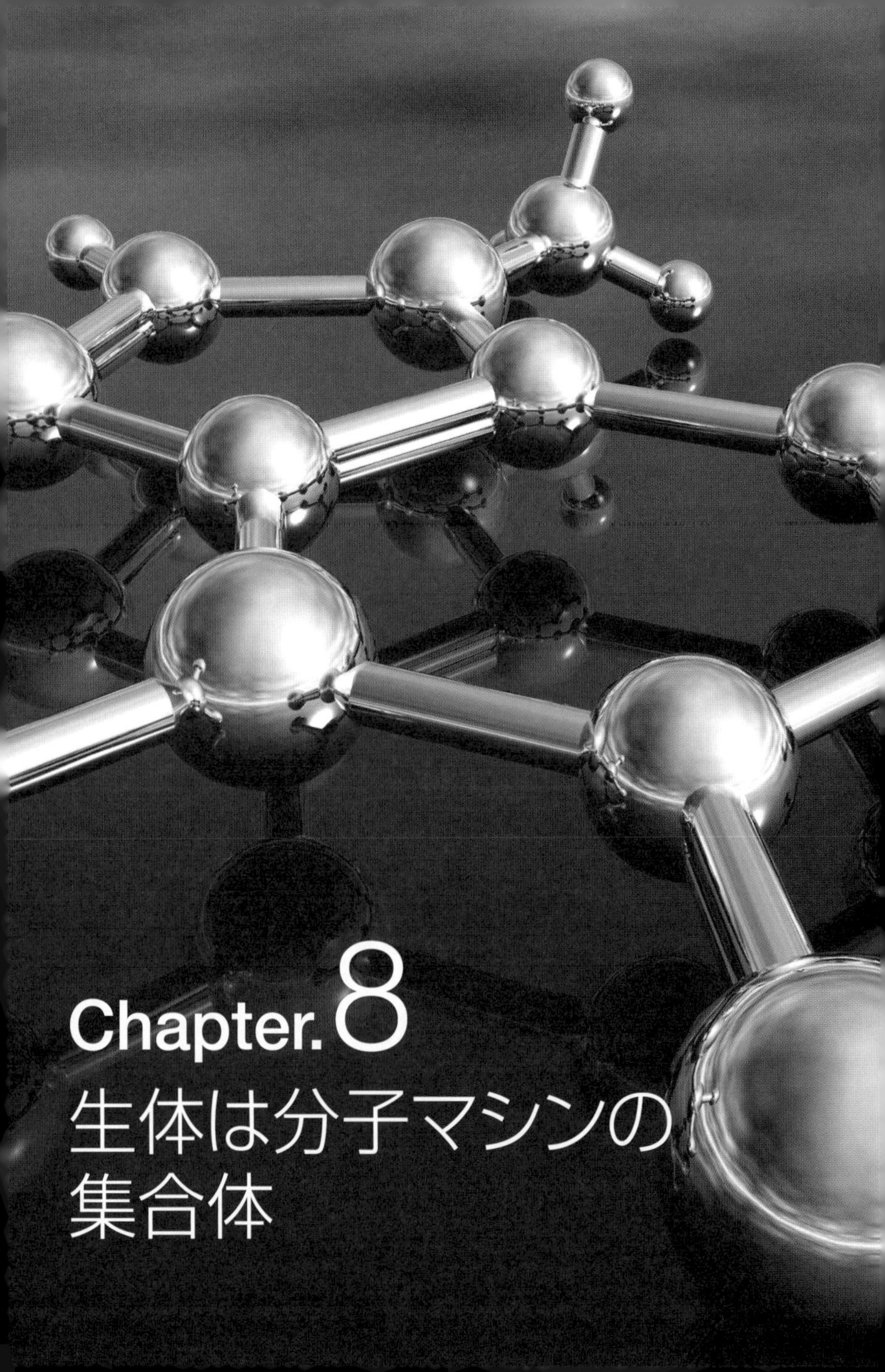

# Chapter. 8 生体は分子マシンの集合体

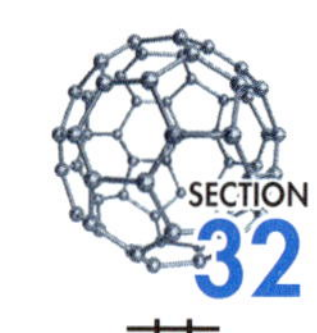


# 葉緑素とデトックス

ここまでにさまざまな分子マシンを見てきました。クラウンエーテル、ロタキサン、カテナン、分子ワイヤー、アクアマテリアル、分子ピンセット、分子ハサミ、分子モーター、分子シャトル、分子エレベータ、分子自動車。整理に困るほど多様です。

ところで、このような分子マシンは、一体何かの役に立つのでしょうか？　もしかしたら、ナノカーレースのように、化学者の趣味、遊びのためにやっているのではないのでしょうか？

確かに、そのような見方があっても不思議ではありません。「分子ハサミで紙が切れるのか？」「ナノカーに、一体だれが乗るんだ？」などもっともな疑問です。

しかし、「私たちの生体は、実は分子マシンの集合体なのですよ」とお答えしたらどうでしょう？　分子マシンは、現実離れした世迷いごとなのではありません。ある意味で最も現実的な化学なのです。それは地球上の生物が何十億年も掛かって営々と作り上げてきた「生命を営む」ためのシステムなのです。

## クエン酸のキレート作用

ガラスコップの内面に白いカスのようなものがこびりつくことがあります。一般に水垢と呼ばれるもので主成分はカルシウムCa等の金属です。水垢を落とすには食酢（主成分、酢酸$CH_3COOH$）が良いと言われます。酢酸のカルボキシル基COOHとカルシウムが反応して酢酸カルシウム$(CH_3COO)_2Ca$となって溶けるからです。

しかし、もっと有効なのは、クエン酸と言われます。クエン酸はカルシウムとの反応部位

●クエン酸のキレート作用

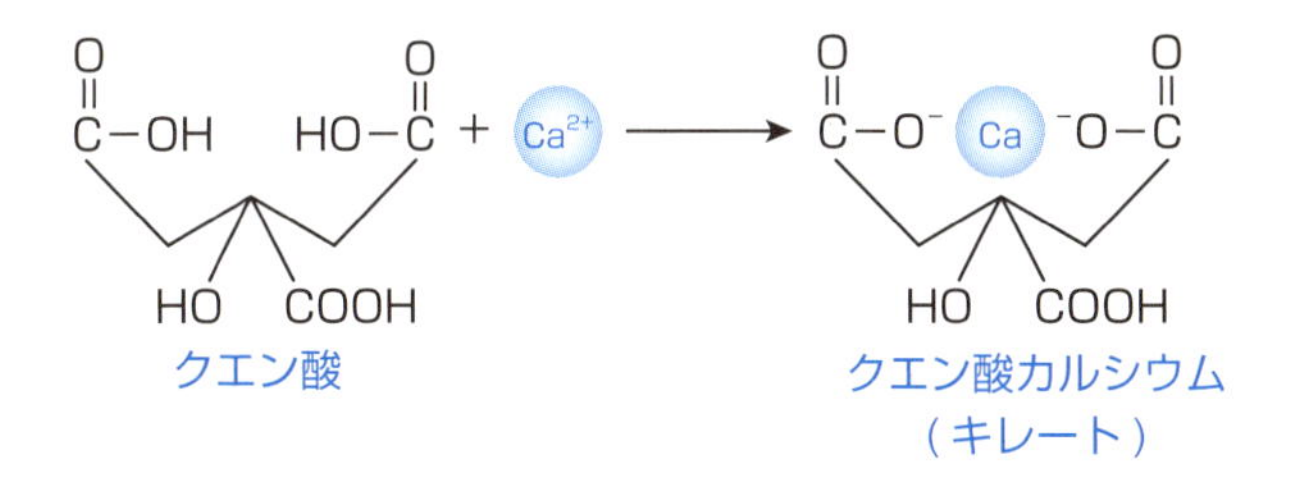

であるカルボキシル基を3個持っており、これを使ってカルシウム原子を両腕で挟むようにして反応するからです。この様子をカニがハサミで餌を持つ様子に例えて、ギリシア語のカニに相当する言葉を用いてキレートと言います。キレートは、有機分子と金属イオン、金属原子からできた超分子の一種と考えることもできます。

## デトックスはキレート作用

一般に金属イオンや原子と反応してキレートを作る試薬をキレート試薬あるいは配位子と言います。キレート試薬と金属の結合は、キレート試薬の非共有電子対と金属の空軌道の間の結合であり、Chapter.1で見た配位結合に基づくものです。

配位子には、金属と反応できる部位が複数個あるものがあり、そのようなものを多座配位子と言います。クエン酸は三座配位子ということになります。

以前デトックスという言葉がはやりました。解毒と言えばよいのでしょうか。要するに体内に入った有毒な重金属を、薬剤を使って排出しようと言う考えです。このとき、デトックス剤として用いられたのがキレート試薬でした。

キレート試薬は有機物ですから体内に入り込みやすい性質を持っています。そこで体内からキレート効果によって有毒金属を体外に運び出させようと言うのです。全く反対に、栄養素的に大切だけれども体内に吸収されにくい金属を、キレートとして体内に運び込む作用もあります。この効果を用いた栄養剤も各種開発されているようです。しかし、医学的に有効かどうかは臨床試験を待たなければなりません。

## 葉緑素もキレート超分子

植物中にあって光合成を司っている葉緑素は図のような形の分子です。

これはポルフィリンという有機分子とマグネシ

●葉緑素

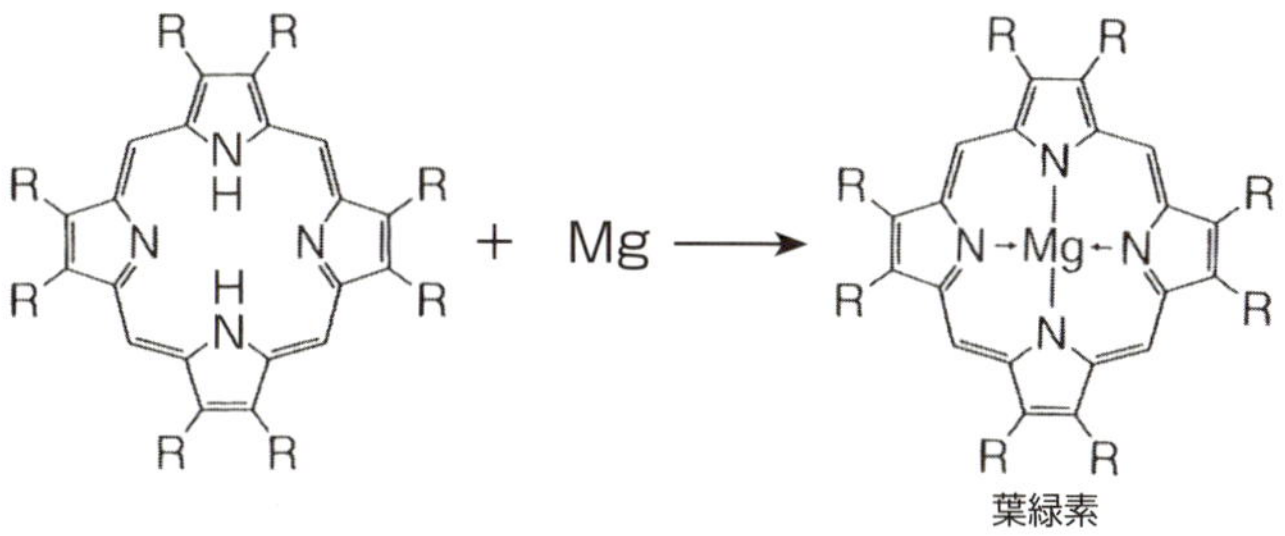

ポルフィリン
四座配位子

キレート

ウムMgイオンからできたキレートであり、超分子です。ポルフィリンは四座配位子ということになります。

このように、生物の体内には少量ですが金属が存在し、葉緑素を始め各種酵素などとして非常に重要な働きをしています。そして、このような金属の多くは有機分子と配位結合で結ばれ、超分子の形となって活躍しているのです。

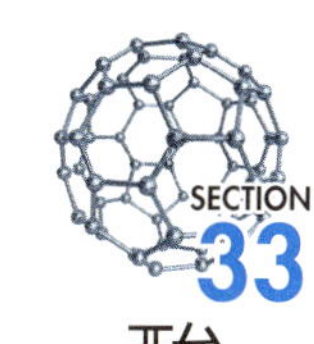


# 酸素運搬するヘモグロビン

人間を含めて全ての哺乳類は、酸素が無ければ生きていけません。哺乳類は肺で空気を吸い、その中に入っている酸素$O_2$を脳や筋肉などの細胞に運んでいます。この時に酸素を運ぶのが赤血球に入っているヘモグロビンです。血液が赤いのはこのヘモグロビンのせいなのです。

ヘモグロビンが無かったら私たちは、数分として生きていることはできないでしょう。このように重要なヘモグロビンですが、その構造は大変に複雑で重層的です。超分子の格好の例と言うことができるでしょう。

## ヘム

ヘモグロビンは複雑で重層的な分子です。ヘモグロビンを構成する原子、分子の中で、酸素を直接的に運搬するのは鉄Feです。鉄が肺で酸素と結合し、血流に乗って細胞に行き、そこで酸素を細胞に渡して、自身は空身となって肺に戻り、また次の運搬に掛かるのです。鉄は酸素を運ぶ宅配便のような役割をしています。

しかし、このような役割を、鉄だけでできるものではありません。鉄は他の分子の力を借ります。それが先に葉緑素のクロロフィルで見たポルフィリンです。鉄はポルフィリンと結合して、ヘムと呼ばれるキレート、超分子になります。

ヘムの構造は、置換基の一般式として書いたRの部分を除けばクロロフィルにそっくりです。こういうのを見ると、神様は意外と少ない部品をやりくりして動物や植物を作っているのだな思ってしまいます。

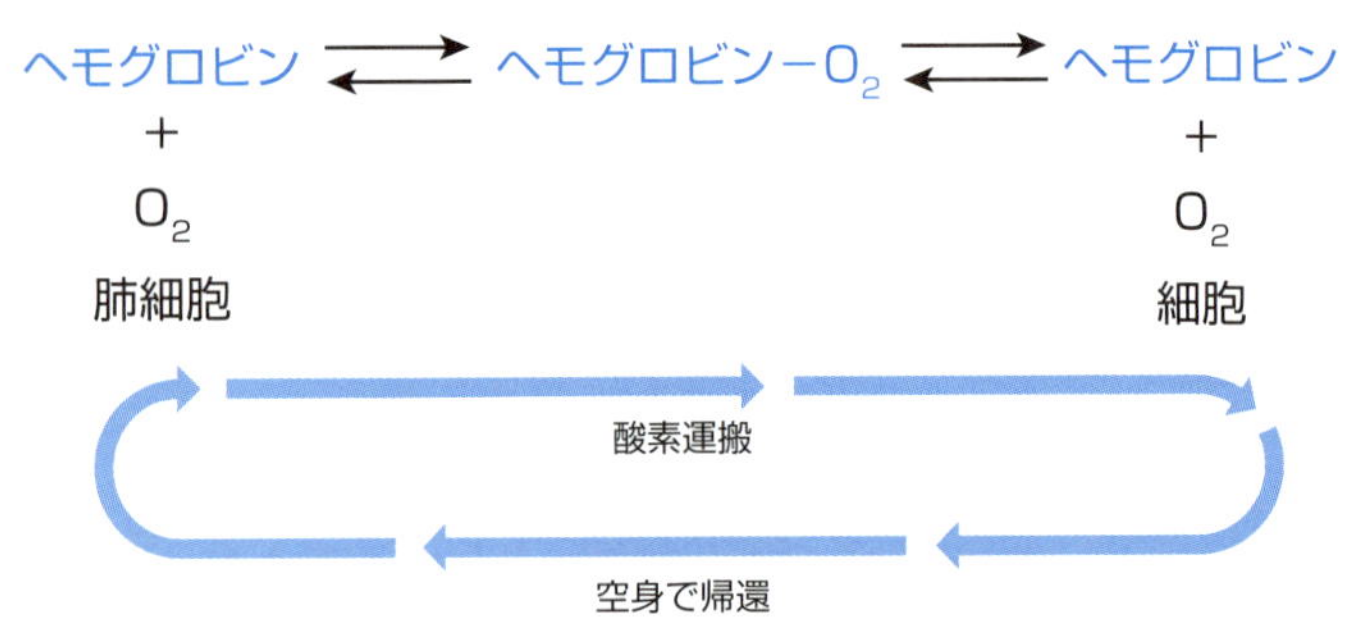

## ミオグロビン

しかし、ヘムだけで酸素の運搬ができるわけではありません。ヘムが血液に馴染み、生体に馴染んで生体の中を移動できるためには、ヘムを生体に馴染みやすい包装物で包まなければなりません。そのための役割をするのがタンパク質です。

タンパク質は何百個ものアミノ酸からできた糸状の高分子ですが、その折りたたまれた立体構造は非常に複雑です。しかも、この立体構造は再現性があるものであり、各タンパク質に固有の立体構造をしています。

ヘムは、このようなタンパク質にがっちりと周囲を固められているのです。こうすることによって、ヘムの周囲に水分の入らない疎水空間ができ、酸素の受け渡しがスムースに行くのです。

●ヘムとヘモグロビン

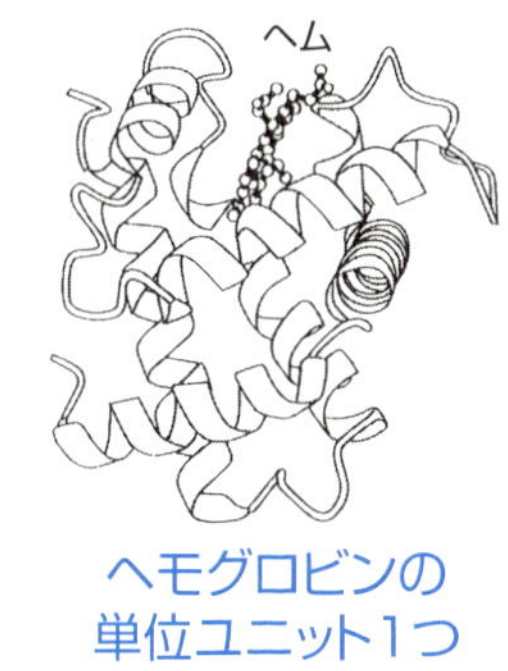


ヘモグロビンの
単位ユニット1つ

$CH_2$
$CH$
$H_3C$
$CH_2{=}HC$
N
$CH_3$
N → Fe ← N
$H_3C$
$CH_2CH_2COO$
N
$H_3C$
$CH_2CH_2COO$

ヘム

このようにタンパク質と他の分子からできた超分子を一般に複合タンパク質と言います。酵素の多くは複合タンパク質です。

## ヘモグロビン

以上でヘモグロビンの完成と思ったら早とちりです。このようにしてできた超分子はまだヘモグロビンにはなっていません。先の段階でできたものはミオグロビンのようなものです。ミオグロビンは筋肉中で酸素運搬をするタンパク質です。

ヘモグロビンは、このミオグロビンのような複合タンパク質が2種4個集まってできた超分子なのです。もちろん、ただ単に集まっただけではありません。4個のタンパク質の間の立体関係はがっちり決定されています。寸分たりともそこから狂うことは許されません。

ヘモグロビンの構造が重層的と言ったのはこのような理由からです。つまり、鉄→ヘム→ミオグロビン→ヘモグロビンという何段階にも渡って成長しなければならない構造になっているのです。

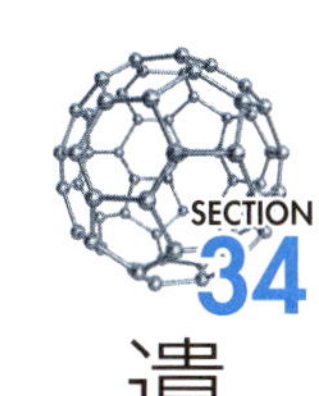


# 遺伝を司るＤＮＡ

人間の赤ちゃんは人間であり、金魚の赤ちゃんは金魚です。このように子供が親の性質を受け継ぐことを遺伝と言います。しかし、特別変異という現象もあり、両親のどちらにも似ていない赤ちゃんが誕生することも希にあります。

子供が親に似ることを形質の遺伝と言います。この遺伝を支配するのが実は化学物質である高分子であると言うことが発見されたのは半世紀以上も前の話になります。遺伝を司る高分子はＤＮＡ（デオキシリボヌクレオアシド）と呼ばれます。

## ＤＮＡの二重ラセン構造

ＤＮＡは非常に長い分子ですが、一口に言えば2本の長い高分子がねじれあっているものです。２本の紐がねじれあうと言うことは、各々の紐がラセン形になり、それが合体するということです。そこで二重ラセンという、何やら神秘的な言葉で表現したわけです。

２本のＤＮＡは同じものではありません。しかし互いに無関係な完全な別物でもありません。２本は互いに相補的な関係にあります。つまり、片方の構造がわかれば、もう片方の構造も自動的にわかる仕組みなのです。これは鋳型の関係と言えばわかりやすいでしょう。お菓子の人形焼を焼く鋳型を思い出してみてください。鋳型を見れば製品の人形焼の形がわかります。同様にお菓子の人形焼を見れば鋳型の形がわかります。ＤＮＡの２本の高分子もこのような関係になっているのです。

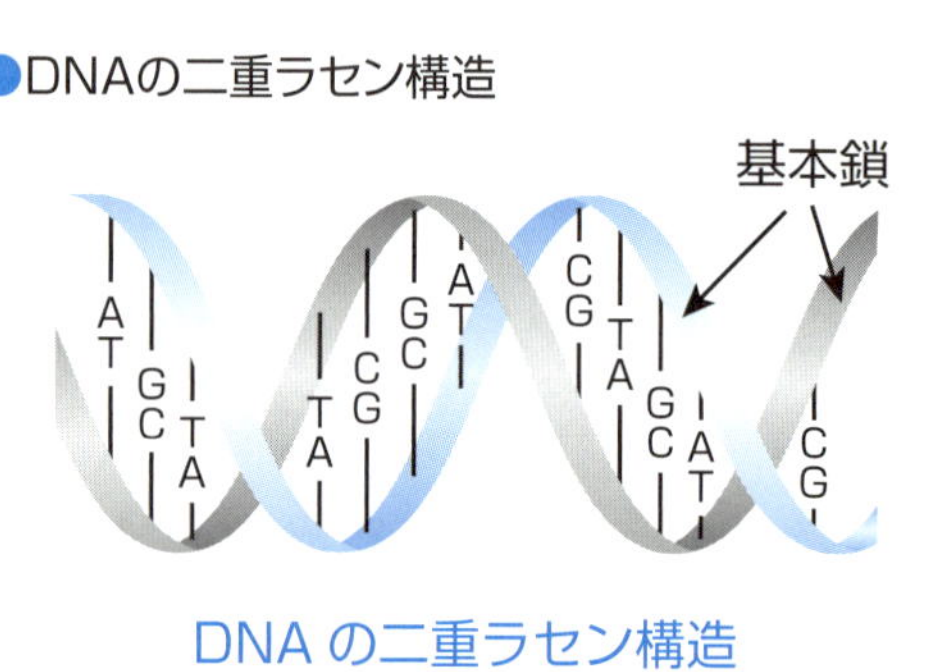

DNA の二重ラセン構造

## ＤＮＡ高分子の構造

ＤＮＡの二重ラセンを構成する２本の紐、高分子は、どのような構造をしているのでしょうか？　これは全ての高分子と同様に、簡単な構造です。高分子というのは、小さな単位分子が共有結合で結合して連なったもので、小さな環が連なって長くなった鎖に例えられます。

1つの高分子を作る単位分子の種類はいろいろであり、ポリエチレンやデンプンでは、それぞれただ一種類の単位分子、すなわちエチレンとグルコース(ブドウ糖)が連なっています。

ナイロンやPET(ペット、ポリエチレンテレフタレート)ではそれぞれ2種類の単位分子が使われ、タンパク質では20種類のアミノ酸が各タンパク質固有の順序で連なっています。

DNAを構成する単位分子は4種類であり、それぞれは記号A、T、G、Cで表現されます。各単位分子は3種類の分子が結合してできています。つまり、リン酸、糖、塩基です。このうち、リン酸と糖は全ての単位分子に共通です。違うのは塩基の部分です。塩基には4種類あり、それぞれa、t、g、cの記号が付けられています。すなわち、

●DNAの単位分子

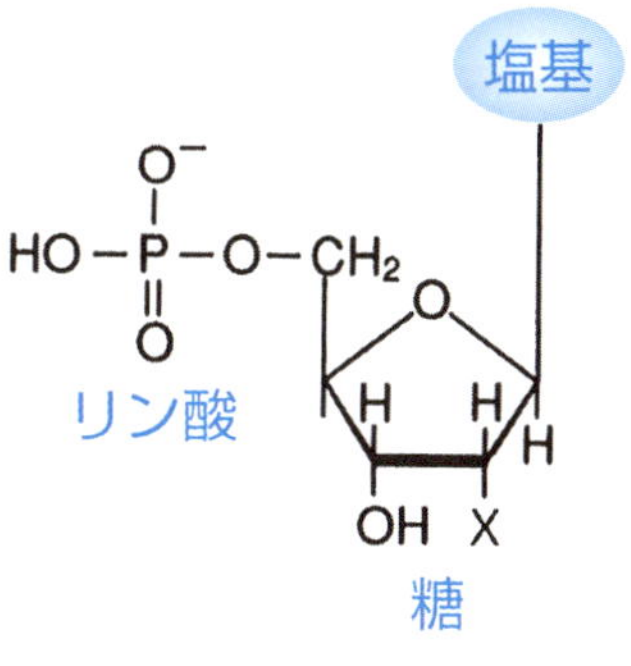

塩基aを持つ単位分子がAであり、bを持てばBであると言うわけです。

各単位分子はリン酸の部分で結合しています。ですから、DNAの高分子はリン酸と糖からできた紐に4種の塩基が適当な順序でぶら下がったネックレスに例えることができます。

## DNAの相補関係

相補関係というのは鋳型の関係のことです。つまり、片方のDNA高分子はもう一方のDNA高分子を鋳型として作られるということです。この関係が保たれるのは塩基に秘密があります。つまり、4種の塩基の間に互いに相補的な関係があるのです。4種の塩基は分子間力（水素結合）で結合しますが、その結合ができるのはA－

●DNAを構成する4種類の塩基

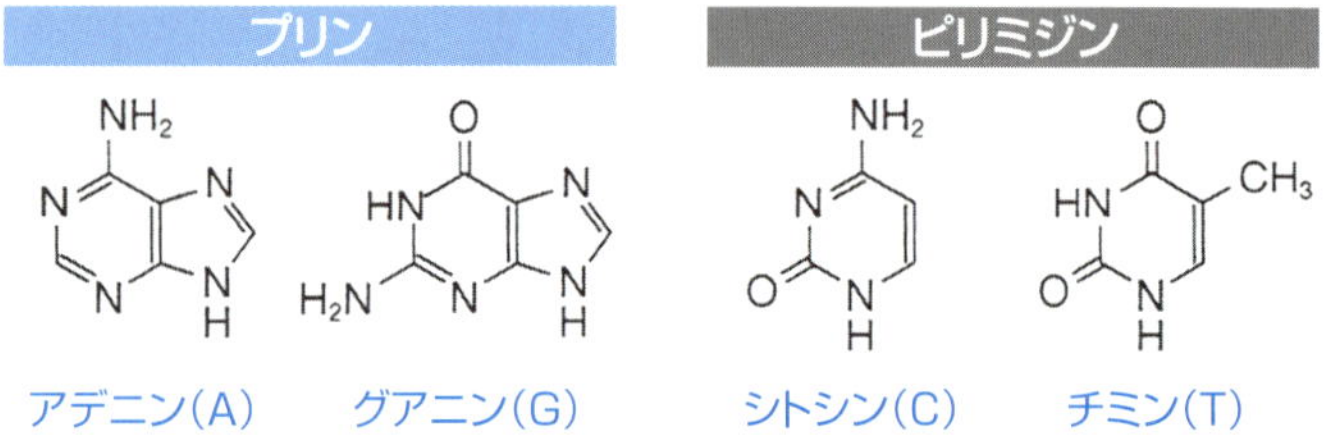
プリン
ピリミジン
NH2
N
N
N
N
H
O
HN
H2N
N
N
N
H
NH2
N
O
N
H
O
HN
CH3
O
N
H
アデニン(A)
グアニン(G)
シトシン(C)
チミン(T)

T、G－Cの間だけなのです。それ以外の関係、A－A、A－G、A－C等の間には水素結合はできません。

したがって、一方のDNA高分子の上に、A－T、G－Cの関係に従って単位分子を並べて結合すれば、もう片方のDNA高分子ができあがるというシステムなのです。これで、2本のDNA高分子が並んだことになり、あとは各高分子の結合角度の関係で、勝手に互いにねじれて二重ラセン構造になると言うわけです。

●DNAの部分構造

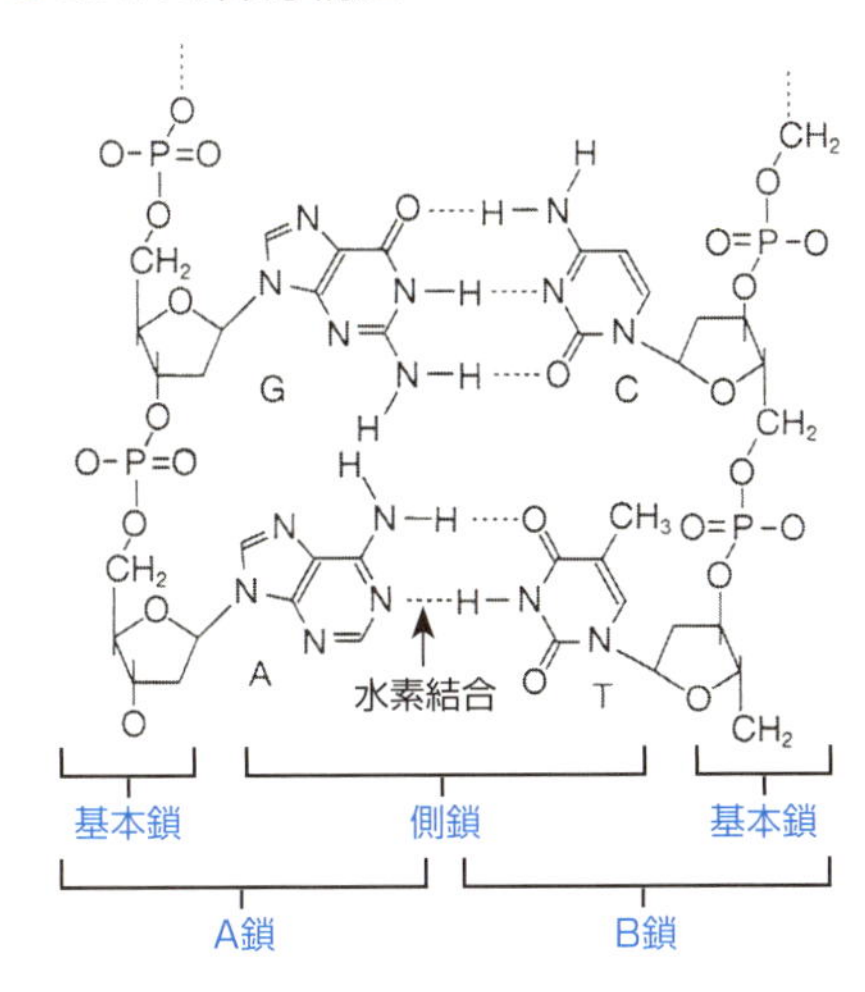


## DNAの遺伝情報

神秘的に見えるDNAですが、その分子構造は先に見たように意外と単純です。なぜ、このようなものが遺伝という重要な情報を伝えることができるのでしょうか？

その秘密はタンパク質にあります。

　タンパク質は焼肉屋さんの肉になるだけではありません。タンパク質は各種の酵素として生体でものすごい働きをしています。食物を消化するのも酵素なら、ＤＮＡやタンパク質、さらには酵素を作るのもタンパク質なのです。つまり、私たちの体を実際に作り、動かしているのはタンパク質なのです。


　生体を家に例えれば、タンパク質は家を立てる職人集団なのです。職人集団が決まれば自動的に家は建ちます。材料は生体の中に揃っています。ＤＮＡの働きは、この職人集団を作ること、すなわち、各種のタンパク質を作って揃えることなのです。

　ＤＮＡに書いてある遺伝情報はタンパク質を構成する20種類のアミノ酸の配列順序だけです。それは４種の塩基のうち、３種の塩基の配列順序で指定されます。つまりＡＴＧならアミノ酸ａ、ＡＴＣならアミノ酸ｂというわけです。４種類ある塩基のうち３種類の塩基を使えば$4^3$＝64通りの組み合わせを作ることができ、20種類のアミノ酸を指定することは簡単なことになります。以上がＤＮＡの遺伝情報なのです。

# エネルギーをためるATP

ここまでに見てきたように、生体は分子マシンの集合体、分子マシンで組み立てられた壮大な分子マシン体系であると考えられます。だとしたら、そのマシンを動かすエネルギー発生システム、エネルギー供給システムも無ければなりません。そのようなシステムが現実に稼働しているのです。

## 生体のエネルギー発生システム

生体が利用するエネルギーはいろいろあります。植物が利用するエネルギーは太陽光の持つ光エネルギーです。植物は、このエネルギーをクロロフィルで受けて光合成に利用します。

草食動物は、植物が光合成によって合成した炭水化物を食べ、代謝することによってエネルギーを得ます。代謝というのは化学的に見れば酸化反応のことであり、要するに植物の燃焼エネルギーを利用していることになります。

肉食動物は草食動物の体、すなわちタンパク質を代謝しているのであり、いわば、肉の燃焼エネルギーを利用していることになります。これら以外にも硫黄を食べているとか、鉄を食べているとかの生物もいますが、これらも硫黄、鉄の酸化エネルギーを利用しているのです。

この代謝の過程には多くの種類の酵素、すなわち超分子が複雑で多彩な働きによって関与しています。

## エネルギーの貯蔵と使用

代謝が行われればエネルギーは発生します。しかし、動物がエネルギーを利用するのは、いつでも同じわけではありません。寝ている時もあれば、敵に追いかけられている時もあります。いつも一定のエネルギーしか使えないのでは、自然界での生存はおぼつきません。

必要、不必要とは関係なく、代謝によって発生するエネルギーを、必要なときに有効に使うためには、エネルギーを蓄えておき、必要なときに一挙に使用できるシステムが必要です。いわば電気の蓄電池のようなものです。

　これが生体におけるエネルギー蓄積システムであり、ATP(アデノシントリフォスフェート)と呼ばれるものです。この分子の構造は簡単です。先に見たDNAを構成する4種の単位分子のうち、Aを利用したものです。

　単位分子Aには1個のリン酸が着いていましたが、さらにリン酸をふやして合計3個にしたものがATPなのです。リ

●生体におけるエネルギー蓄積システム

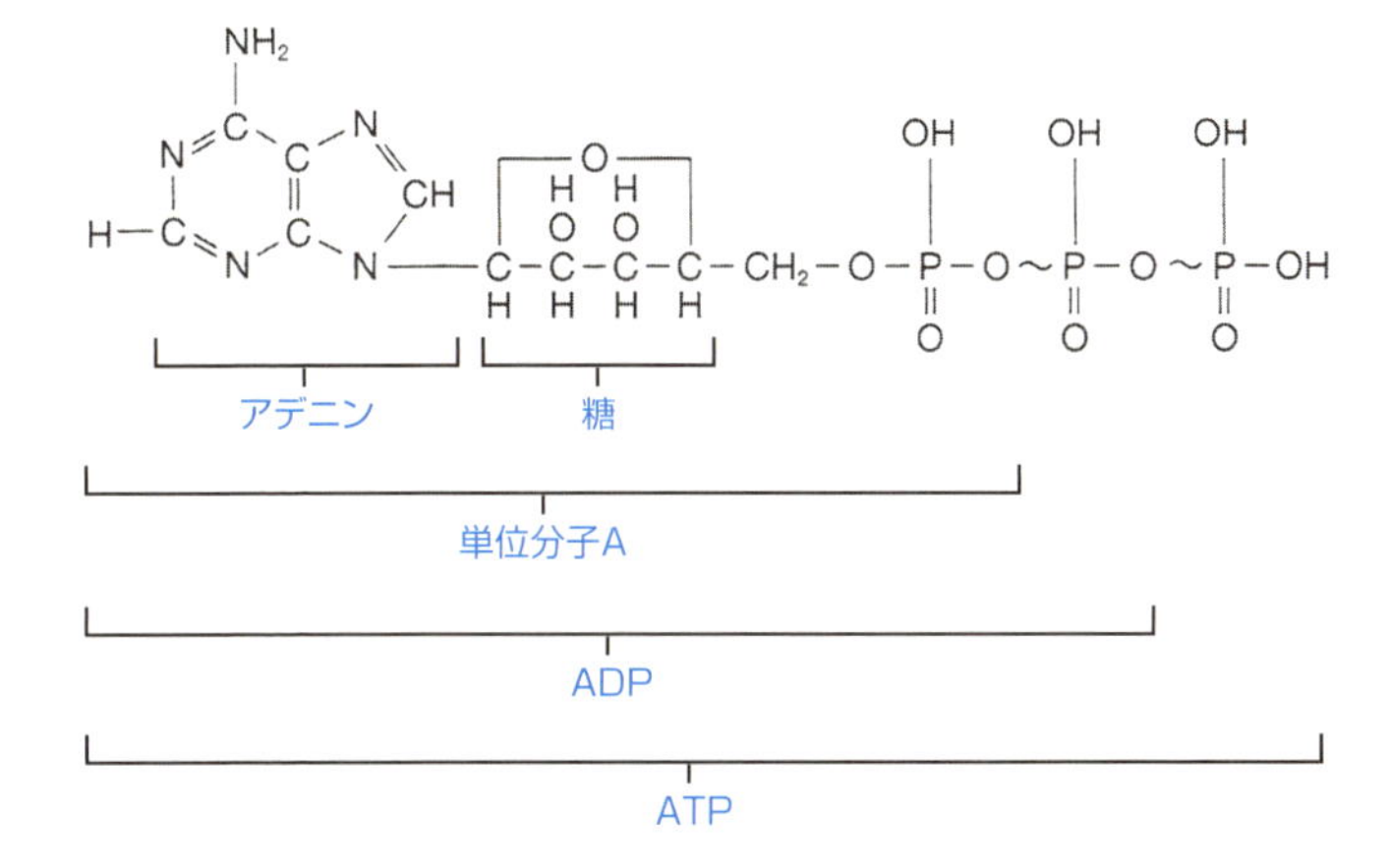

ン酸とリン酸の結合がエネルギーを貯蔵するのです。

単位分子Aに1個のリン酸をつけたもの、つまり合計2個のリン酸を持ったものをADPと言います。このADPにリン酸を結合させてATPにする時にエネルギーが貯蔵されます。反対にATPがリン酸を外してADPに戻るときにはエネルギーが放出されます。

つまり生物はATPを作ることによってエネルギーを貯蔵し、それを分解してADPにする時に必要なエネルギーを発生させているのです。

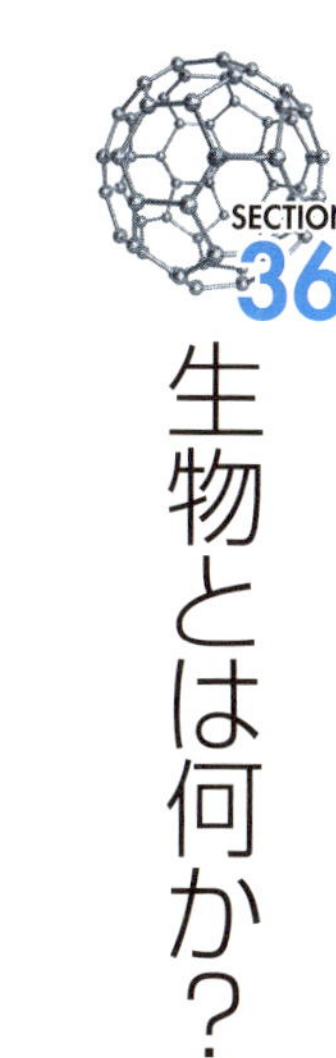


# 生物とは何か？

生物にはアメーバのような単細胞生物から、人間や植物のような多細胞生物まで、多くの種類があります。生物とはなんでしょう？　生物の持つ生命とはなんでしょう？　生物の定義は、面倒に考えるといくらでも面倒になりますが、簡単に言うと簡単です。

## 生物の定義

生物が生物であるための条件は、次の2つと言うことになります。

❶自分を生かす栄養とエネルギーを自給できる
❷自己増殖作用がある

## 結晶は生物か?

自己増殖作用の簡単な例は結晶の成長です。氷は水の結晶です。氷は水の分子が集まったもので独特の形状と性質を持っています。充分に冷えた水に氷の一片を落とせば、途端に無数の氷の種ができ、その各々が大きな氷に成長し、やがて融合して大きな氷の塊になります。

これは氷には自己増殖作用があると言うことを示すものです。つまり、生物の条件のうち❷は満足しているようです

しかし、氷を生物と言う人はいません。それは、氷は自分を養う栄養分を自分で獲得することができないからです。つまり条件の❶を満たしていないのです。たとえ結晶が自分を生存させ、成長させるためのエネルギーは「低温のエネルギー」だと言い張ったとしても、結晶はその低温条件を保つためには何もできません。専ら外界の温度変化に頼る以外ありません。

## ウイルスは生物か?

ウイルスはインフルエンザやＨＩＶなど各種の病気を引き起こす病原体です。自己増殖し、環境に応じて自己改変し、生存に適し、さらに病気を引き起こしやすい体に変化します。

ウイルスは遺伝のための核酸、すなわちＤＮＡに相当するＲＮＡを持っています。さらにそれを収容するためのタンパク質からできた容器を持っています。

しかし、ウイルスは生物ではないのです。ウイルスは生命を持たない物質なのです。なぜか、それには2つの理由があります。1つは細胞膜を持たないということです。現代生物学では、生命体は細胞構造を持っているものに限るとしています。細胞膜を持たないウイルスは当然、細胞構造を持ちません。だから無生物であって、生命体ではないのです。

もう1つの理由は、ウイルスは自分でエネルギーを生産することができません。宿主のエネルギーを横取りすることしかできないのです。ですから、ウイルスは無生物の中で増殖することはできません。じっと我慢していることしかできないのです。

ここがバイキンと言われる微生物との違いです。微生物は自分でエネルギーを作り、食物の中で繁殖して食物を腐敗させることができます。しかし、ウイルスにはそれができないのです。ウイルスは食物中では何もせず、電池の切れた機械のようにただ存在するだけです。生体の体内、細胞内に入って初めて増殖するのです。

## ウイルスの構造

図はウイルスの構造です。図A、Bはウイルスの電子顕微鏡写真です。たしかに、生物というよりは機械に近く見えます。図Cはエボラ出血熱ウイルスの断面のイラストです。中央のらせん状のものがＲＮＡであり、遺伝を支配します。外側の容器はタンパク質分子でできた壁です。

いかがですか？　究極の分子マシンと言えるのではないでしょうか？

●ウイルスの構造

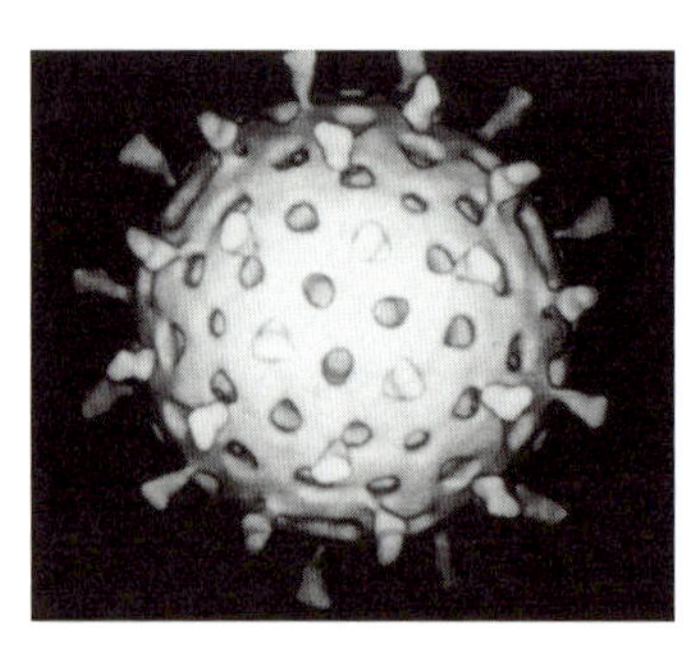

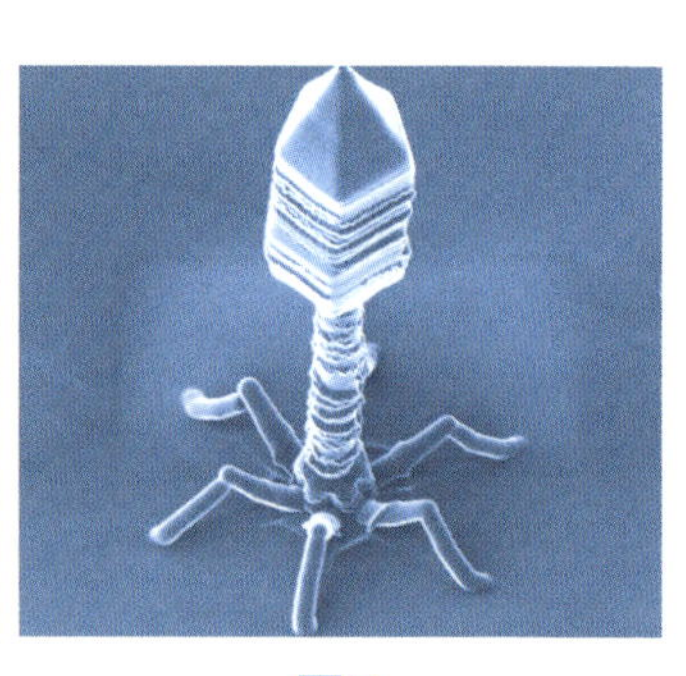

図B

●エボラ出血熱ウイルスの断面

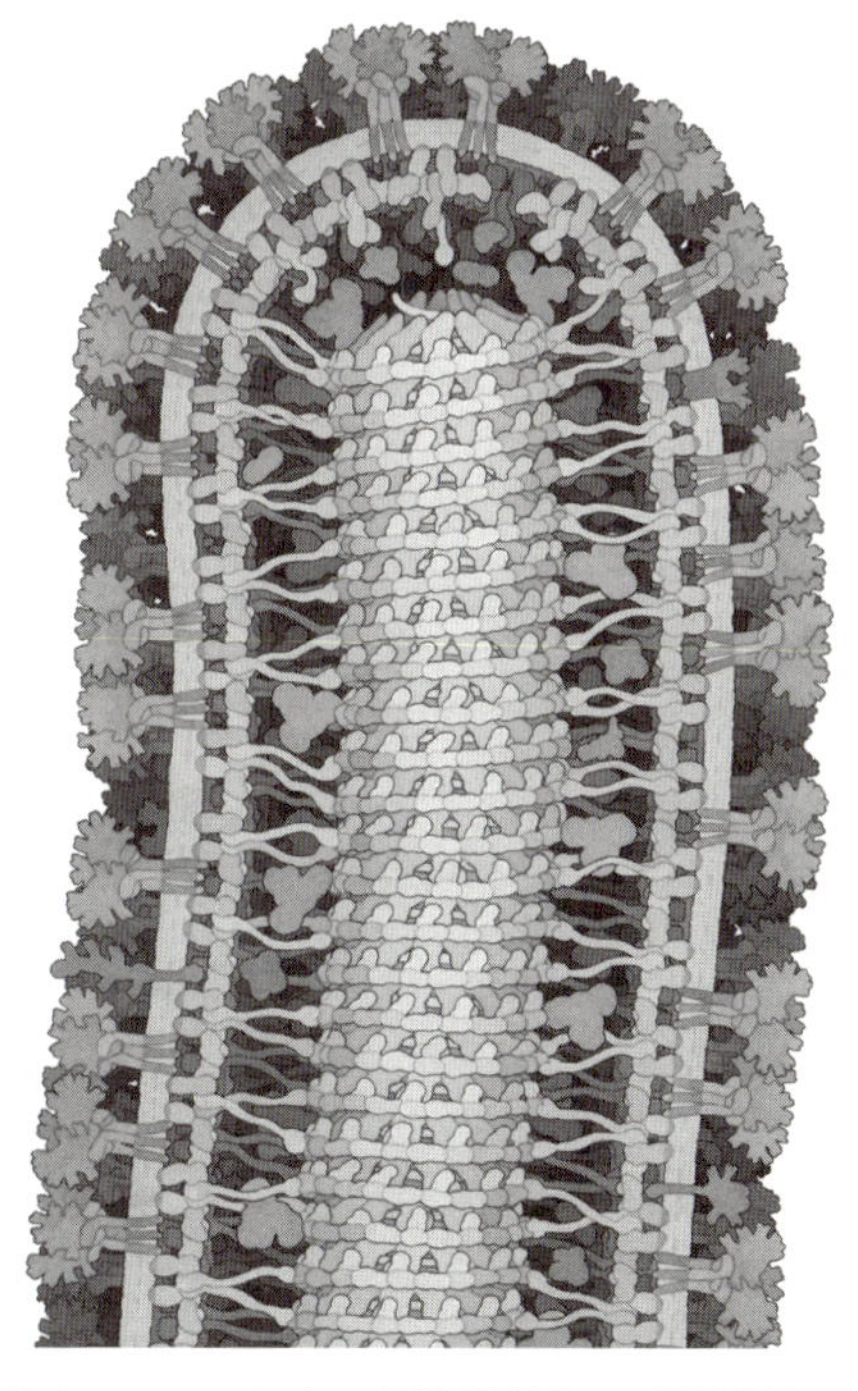

図C

※https://wired.jp/wp-content/gallery/20160406award2016より

# 索引

## 英数字・記号



## あ行



## か行



## さ行